量子論

觀念伽利略07 一探未來的科技趨勢

人人出版

前言

　　在原子及電子等微小粒子的微觀世界中，會發生許多與生活常識迥然不同的神奇現象。例如一個電子會同時具有波的性質和粒子的性質，並且這個電子會像漫畫中的忍者一樣，同時存在於各個不同的場所。

　　這麼神奇的微觀世界物理法則，稱為「量子論」或「量子力學」。而且，量子論不只是神奇而已，更成了現代科技的重要基礎。例如，電子產品所運用的半導體性質，就是藉由量子論所闡明。如果沒有量子論，就不會有電腦和手機。

　　本書不需要複雜的物理、數學知識，能讓你從零開始學習。書中還有許多有趣專欄、跟科學家有關的軼事四格漫畫，國中生以上都能輕鬆愉快地閱讀。現在，就請你盡情地享受饒富趣味的量子論的世界吧！

觀念伽利略07　一探未來的科技趨勢

量子論

緒論

1 **量子論是微觀世界的物理法則**..............10

2 **相對論和量子論是自然界的兩大理論**..............12

3 **量子論的重要概念 —— 光和電子既是波也是粒子！**..............14

4 **量子論的重要概念 —— 一個電子同時存在於多個場所！**..............16

5 **根據量子論，未來不是已經決定好的！**..............18

專欄 博士！請教一下!! 量子論只適用於微觀世界嗎？..............20

專欄 形形色色的占卜術能預測未來？..............22

4格漫畫 拉普拉斯和拿破崙..............24

4格漫畫 政治家拉普拉斯..............25

1. 光和電子既是波也是粒子

1 　光和微觀物質具有「波粒二象性」...............28

2 　19世紀時已將光視為波...............30

3 　光的性質依波長而異...............32

4 　光的能量是不連續！普朗克的「量子假說」...............34

5 　愛因斯坦認為光具有粒子的性質...............36

6 　如果光是單純的波，便無法說明這樣的現象...............38

7 　因為光是粒子，夜空才有繁星點點.......　40

8 　究竟光的本體是波？或是粒子？...............42

9 　電子也被認為具有波的性質...............44

10 　波的性質與電子所在的場所有關...............46

4格漫畫 　德布羅意與物理學的邂逅...............48

4格漫畫 　雖然獲頒諾貝爾獎...............49

2. 一個電子同時存在於多個場所

1 　微觀物質會使用「狀態共存」這種分身術...............52

2 　顯示電子「波粒二象性」與「狀態共存」的實驗...............54

3 　電子被觀測時，就從波變成粒子...............56

4 　電子會分身而存在於廣大的範圍中...............58

5 一個電子能同時通過兩條路徑..............60

6 電子波與巨觀物體相撞會塌縮..............62

7 誰也無法預測電子位於什麼地方..............64

8 生與死並存的「薛丁格的貓」..............66

專欄 從貝殼可以聽到海浪的聲音..............68

4格漫畫 薛丁格的初戀..............70

4格漫畫 西方科學與東方哲學的邂逅..............71

3. 量子論闡述的曖昧不明世界

1 電子的位置和運動方向無法同時確定..............74

2 使未來的預言無法實現的「不準量關係」..............76

3 愛因斯坦預言「幽靈般的超距作用」..............78

4 在微觀世界中，物質不斷地生成又消滅..............80

5 電子能像幽靈一樣穿透牆壁..............82

6 粒子藉由穿隧效應從原子核飛出..............84

專欄 博士！請教一下‼日常生活中有穿隧效應嗎？..............86

專欄 隧道頂部的風扇..............88

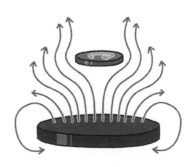

4. 在各領域蓬勃發展的量子論

1　量子論的發展催生了資訊社會..............92

2　電子雲闡明了週期表的意義..............94

3　沒有量子論便無法了解化學反應的機制..............96

4　電腦和手機都是藉由量子論而運作！..............98

5　磁浮列車藉由量子論而奔馳..............100

6　候鳥遷徙與光合作用似乎也和量子論有關..............102

專欄　創下金氏世界紀錄的JR磁浮列車...........　...104

7　量子論仍然無法說明重力..............106

8　期待量子論與廣義相對論的融合..............108

9　兩大理論的統合或許能闡明宇宙誕生之謎..............110

專欄　博士！請教一下!!量子論的「多世界詮釋」是什麼？..............112

5. 運用量子論的最新技術

1　實現超高速運算的「量子電腦」..............116

2　量子電腦運用了電子的「疊加」..............118

3　運用「量子纏結」的量子遙傳..............120

4　或許能利用量子遙傳進行通訊..............122

專欄　利用章魚捕蝦的漁民..............124

緒論

在原子及電了等微小粒子的微觀世界中，嘗發生許多與生活常識迥然不同的奇妙現象。這個微觀世界的物理法則，稱為「量子論」或「量子力學」。在導言中，將介紹要理解量子論時，非常關鍵的兩個重要概念。

1 量子論是微觀世界的物理法則

微觀物質的行為無法依據常識加以說明

物質如果不斷地分割下去，便可得知都是由「原子」（atom）所構成。**到了19世紀末，詳細調查種種與原子有關的現象之後，逐漸得知微觀世界和我們日常生活的這個世界截然不同。**微觀物質會表現出無法用常識加以說明的奇妙行為。

闡明粒子和光等的行為

因此，需要新的理論來說明這些行為，那就是「量子論」（quantum theory）。**所謂的量子論，可以說是「闡明構成物質的粒子及光，在非常微觀的世界如何行為的理論」。**

不過必須注意量子論所謂的「微觀」，是指不利用量子論就無法說明的世界，約莫原子及分子的大小，亦即1000萬分之1毫米以下的世界。

原子與原子核的大小

本圖顯示出原子及原子核小到什麼程度。棒球和原子的大小的比例，就如同地球和彈珠大小的比例。另一方面，如果把原子核放大到彈珠的大小，則原子就像東京巨蛋的整座建築物一樣大。

原子的大小

棒球
直徑約7公分

地球
直徑約1萬3000公里

相同比例

球表面的原子
直徑約1000萬分之1毫米

地球上的彈珠
直徑約1公分

原子核的大小

彈珠

相同比例

如果原子核像彈珠一樣大，則原子（電子的軌域）就像東京巨蛋的整座建築物（包括觀眾席）一樣大。

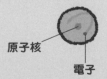

原子核

電子

東京巨蛋

2 相對論和量子論是自然界的兩大理論

自19世紀末至20世紀完成的理論

　　量子論與著名的「相對論」（theory of relativity）並列現代物理學的礎石。量子論和相對論都是在19世紀末至20世紀初才完成的理論，也都徹底顛覆了以往的常識。

　　相對論是出生於德國的天才物理學家愛因斯坦（Albert Einstein，1879～1955）建立關於時間與空間的理論。 相對論闡明了時間會變慢，空間會扭曲等現象。說起來或許令人難以置信，但這些已透過許多實驗，證實了它們的正確性。

相對論是舞台的理論，量子論是演員的理論

　　另一方面，量子論則是說明電子及光等行為的理論。**也就是，相對論可以說是關於時間與空間這個自然界的舞台理論，量子論則可以說是關於站在這個舞台上的電子等自然界的演員理論吧！**

　　本書主要聚焦於電子、原子核、光。至於為什麼要這麼做呢？因為它們是自然界的主角。

相對論與量子論

本圖為相對論和量子論的示意圖。相對論是闡明時間會
變慢、空間會扭曲的理論，而量子論則是理解原子尺度
的世界不可或缺的理論。

相對論示意圖

在以接近光速的速率飛行的
太空船中，時間會變慢

在具有強大重力的天體
旁邊，時間會變慢

地球

重力會造成空間扭曲

量子論示意圖

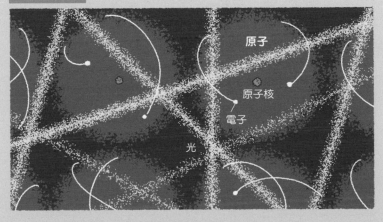

原子

原子核

電子

光

3 量子論的重要概念① ── 光和電子
既是波也是粒子！

量子論有兩個重要概念

在微觀世界中，物質會表現出和常識迥然不同的行為。這個微觀世界的物理法則就是量子論。

在理解量子論時，有兩個關鍵的重要觀念，一個是「波粒二象性」，另一個是「狀態共存」。 這裡首先介紹第一個重要觀念：「波粒二象性」。

光和電子，既是波也是粒子

在微觀世界中，光和電子等就像是黑白棋的棋子，同時具有「波的性質」和「粒子的性質」，稱為「波粒二象性」。

依照日常世界的常識，波是散布開來的東西，而粒子則是存在於特定一點的東西，彼此並不相容。但在微觀世界中，這樣的常識並不適用。**光及電子既是波，也是粒子。** 相關的內容將在第27頁開始的第 1 章中詳細介紹。

光的黑白棋子

光及電子等同時具有波的性質和粒子的性質，就像是
黑白棋的棋子一樣。

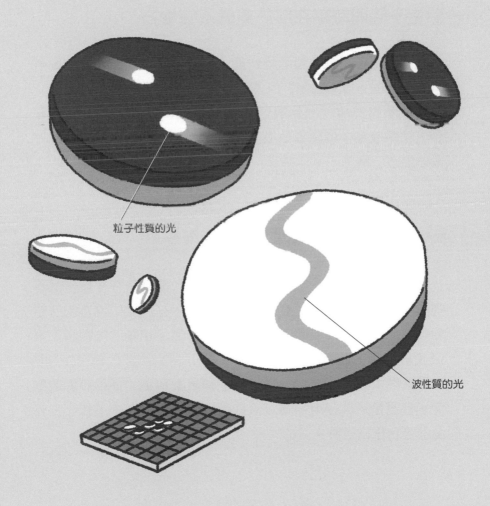

粒子性質的光

波性質的光

4 量子論的重要概念② – 一個電子同時存在於多個場所！

一個電子能同時存在於許多個不同地方

要理解量子論時，有兩個關鍵的重要觀念，在這裡要介紹其中的第二個：「狀態共存」（疊加）。

在微觀世界中，一個東西能夠同時處於多個狀態。例如電子，就像漫畫中的忍者分身術一樣，一個電子能同時存在於許多個地方，稱為「狀態共存」。

「波粒二象性」和「狀態共存」都是事實

依照日常世界的常識，一個物體絕不可能同時存在於多個不同的地方。但在微觀世界中，一個電子存在於這個地方的狀態和存在於那個地方的狀態，是可以並存的。相關的內容將在第51頁開始的第2章中詳細介紹。

「波粒二象性」和「狀態共存」都是經由實驗獲得驗證的事實。若要理解量子論，就必須接受，在微觀世界中，會發生完全不符合日常世界常識的現象。

虛擬箱中的電子

在微觀世界中，就如同這個虛擬箱的左右兩側一樣，一
個東西能同時存在於多個場所。但是，並非這個東西的
數量增加。

電子處於右側的狀態和處於
左側的狀態是共存的

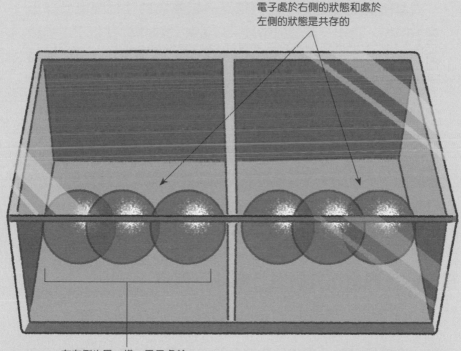

在左側也是一樣，電子處於
各個位置的狀態是共存的

根本就是分身術嘛！

5 根據量子論，未來不是已經決定好的！

球掉落的位置是可以計算出來的

在量子論問世之前，人們認為一切物體的運動都能計算出來。例如，投出一顆球的時候，只要能精準得知球投出去的瞬間速率、方向和高度，便能準確計算出球會掉落在地面的什麼地方。

法國科學家拉普拉斯（Pierre-Simon Laplace，1749～1827）提出以下這樣的想法：「假設有個生物能夠精準知道宇宙中一切物質的目前狀態，那麼，這個生物將能完全預言宇宙未來的一切事物吧！也就是說，未來是已經決定好的。」這個假想的生物稱為「拉普拉斯精靈」（Laplace demon）。

在微觀世界中，物質的行為並不確定

但是，由於量子論問世，人們明白拉普拉斯的想法並不正確。根據量子論，即使假設拉普拉斯精靈能夠獲知宇宙的所有資訊，也不可能預言未來會變得如何。因為，在微觀世界中，物質的行為是不確定的，並非已經決定好的。相關內容將在第73頁開始的第 3 章中詳細介紹。

什麼是拉普拉斯精靈？

拉普拉斯精靈的手掌捧著代表宇宙的球。時鐘象徵拉普拉斯精靈能看透過去、現在與未來。

過去

現在

宇宙

未來

根據量子論，誰也無法預言未來。

博士！
請教一下!!

量子論只適用於微觀世界嗎？

 博士！量子論是微觀世界的物理法則，沒錯吧？那像我們人類這樣的巨大物體，和量子論什麼的就沒有關係了吧？

 不是這樣哦！量子論可以適用於自然界的一切東西，不管它多大或多小。

 那這樣的話，人類的行為也可以用量子論來說明囉！

 可以是可以啦！但如果要把量子論適用在巨大物體的運動上，計算量將會非常龐大，所以我們一般不會這麼做。

 這樣啊！所以我們身邊沒有和量子論有關的事物……。

 不是這樣哦！比如你手上拿的智慧型手機，裡面的半導體就可以用量子論來說明哦！

 咦？是這樣嗎？怎麼突然覺得親切起來了！

形形色色的占卜術能預測未來？

你是否曾感到不安與煩惱，因此希望可以預知未來呢？這個時候，會不會想要「試看看占卜」呢？這是古今中外人類所共通的心理。而這個占卜的方法，隨著各國各地的風土民情而有很大的不同。

例如，在土耳其有一種歷史相當久遠的「咖啡占卜」。方法是先喝一杯咖啡，喝完後看看杯子內側殘留的咖啡漬圖案，依此來做占卜。據說，杯子的下半段會顯示「過去」，杯子的上半段則顯示「未來」，而且，越靠近咖啡杯把手的部位，會顯示出離自己越近的事件。

除此之外，全世界還有許多各式各樣的占卜術。這些占卜術所使用的道具也是千奇百怪，有骨頭、糞便、腹音、珍珠、雞等等，不一而足。

拉普拉斯和拿破崙

同時也是天文學家

法國的拉普拉斯是數學家兼物理學家

獻給當時的法國皇帝拿破崙

他把全5卷的巨著《天體力學概論》

為什麼在書中都沒有提到上帝？

拿破崙問道：

我不需要上帝這個假說。

拉普拉斯這樣回答：

政治家拉普拉斯

拉普拉斯也熱衷於政治活動

1799年，他在拿破崙的政府中

只擔任短短一個月左右的內政部長

拿破崙對他說：「你把無限小的精神也帶進政治了。」

或許是指他太過於小心翼翼了

拿破崙失去支持時，拉普拉斯贊成他退位。

拉普拉斯後來擔任新政府派的貴族院議員等職位，遊走政壇

1. 光和電子
既是波
也是粒子

在第 1 章，將介紹理解量子論時的兩個重要觀念其一：
「波粒二象性」。在微觀世界中，光及電子等具有波的性
質，同時也具有粒子的性質。接下來，就讓我們一邊探索
量子論誕生的來龍去脈，一邊說明「波粒二象性」吧！

1 光和微觀物質具有「波粒二象性」

波會一邊散布一邊行進

波粒二象性是指「電子等微觀物質及光，同時具有波的性質和粒子的性質」。

波可以說是「某個場所的某個振動，邊往周圍散布邊行進的現象」。波一邊散布一邊行進，因此即使遇到障礙物，也會彎進障礙物後面的陰影區而繼續行進。這種現象稱為「繞射」（diffraction）。

粒子在某個瞬間存在於特定的一個點

那麼，粒子又是怎麼一回事呢？粒子就像是把撞球縮到極小。波具有一個範圍，所以無法以「在這裡」的方式指明它就在某一個點上。但如果是撞球，就可以明確指出它位於某一個點。也就是說，粒子在某個瞬間存在於特定的一個點。

波和粒子是相反的東西，但這兩者竟然同時具有對方的性質，這在常識上是無法想像的事情。但是，像這種對我們來說違反常識的事情，在微觀世界中卻是常識。

波的性質和粒子的性質

如圖1所示,波一邊散布一邊行進,即使遇到防波堤之類的障礙物,也會繞進陰影區。另一方面如圖2所示,粒子則是筆直行進。

1. 波的例子:水面波浪

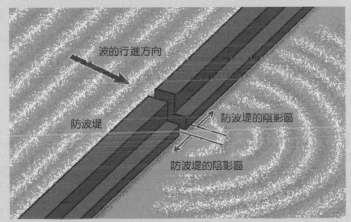

波的行進方向

防波堤

防波堤的陰影區

防波堤的陰影區

邊散布邊
行進的波

2. 粒子的例子:撞球

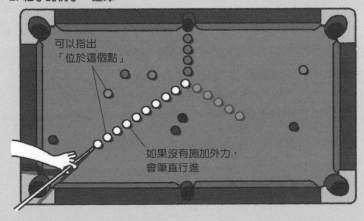

可以指出
「位於這個點」

如果沒有施加外力,
會筆直行進

19世紀時已將光視為波

將光當成波的看法已成為常識

在量子論誕生前的19世紀，英國物理學家楊格（Thomas Young，1773～1829）在1807年進行「光的干涉」等實驗，使光是波的看法（光的波動說）成為科學家的常識。所謂的干涉，是指兩個以上的波疊合而加強或減弱的現象。

楊格利用光波製造了干涉條紋

楊格在光源前方放置一片開有一條狹縫的板子，較遠處再放置一片開有兩條狹縫的板子，更遠處再放置一片能顯映光線的屏幕。如果光是波，則在通過Ａ狹縫和Ｂ狹縫時，兩個波峰疊合的點，波會增強使得光變亮。另一方面，在波峰和波谷疊合的點，波會減弱導致光變暗。因此，屏幕上應該會顯現出獨特的明暗條紋圖案（干涉條紋）。楊格進行這樣的實驗，果然在屏幕上顯映出干涉條紋。

光的干涉實驗

在光源的前方放置一片開有一條狹縫的板子,和一片開有兩條狹縫的板子。在更前方放置一片屏幕,便會顯映出「干涉條紋」。如果光是單純的粒子,便會像下圖所示一般,只有狹縫前方會變亮。

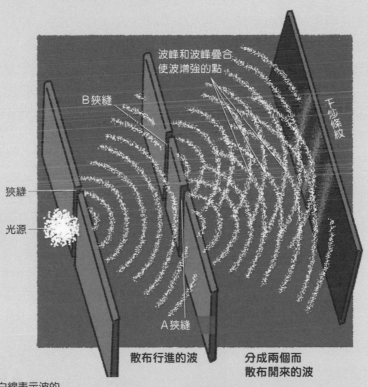

波峰和波峰疊合使波增強的點

B狹縫

干涉條紋

狹縫

光源

A狹縫

散布行進的波

分成兩個而散布開來的波

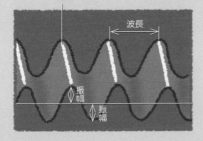

白線表示波的「波峰」

波長

振幅

振幅

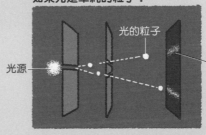

如果光是單純的粒子?

光的粒子

光源

應該只有狹縫前方一帶會變亮

31

3 光的性質 依波長而異

光並不是只有肉眼看到的「可見光」

光波究竟是什麼東西呢？我們來思考一下光的族類，或許就會比較容易理解。

肉眼能看到的光稱為「可見光」（visible light）。但是，光並不是只有可見光。造成曬傷的「紫外線」、從暖爐發出而使身體溫暖的「紅外線」也是光的族類。人眼看不到紫外線和紅外線，但其在本質上都與可見光相同。

各種族類的光

本圖所示為我們眼睛能看到的「可見光」及其他光的族類（電磁波）。各個波長範圍並沒有嚴格的分界，多多少少會有重疊。

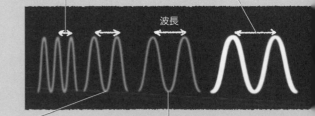

伽瑪射線
（波長：10皮米以下）
放射線的一種。

可見光
（波長：約400～800奈米）
人眼能看到的光。人類會依不同波長而看到不同顏色。

波長

X射線
（波長：1皮米～10奈米）

紫外線（波長：1～400奈米）
造成曬傷及皮膚斑點的原因。

紫外線和紅外線都與可見光相同

　　光的族類不是只有「可見光」、「紫外線」和「紅外線」而已。**用來拍攝X光片的「X射線」、鈾等放射性元素放出的「伽瑪射線」、微波爐用於把食物加熱的「微波」、行動電話及電視使用的「電波」等等，這些全部都是光的族類。**在物理學上，把這些全部統合起來，稱之為「電磁波」（electromagnetic wave）。

　　上面所舉出的光的族類，波長都不一樣。波長是指波峰到下一個波峰的長度，或波谷到下一個波谷的長度。

微波
（波長：約１毫米～１公尺）
微波爐用於加熱食物。

電波
（波長：約0.1毫米以上）
用於手機及電視等的通訊。依波長由短至長，可再分為微波、超短波、短波、中短波、中波、長波等。

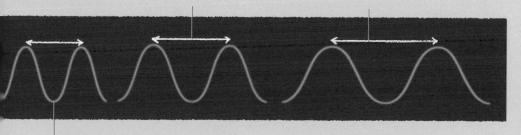

紅外線
（波長：約800奈米～１毫米）
波長比紅色可見光更長，因此稱為紅外線。

※各種電磁波的波長並未依照實際的比例繪製。

4 光的能量是不連續的！普朗克的「量子假說」

無法說明光的顏色和溫度之間的關係

19世紀即將結束時，有個關於光的疑問還沒有得到解答。

當時的製鐵業為了獲得更高品質的鐵，必須正確測量熔爐中的溫度。但是，不可能直接把溫度計插入高溫的熔爐裡面，所以只能觀察熔爐發出的光之顏色，依此推估熔爐內的溫度，例如紅色為600℃、黃色為1000℃、白色為1300℃以上。

但是，沒有任何物理學家能夠從理論上解釋，熔爐發出的光之顏色和熔爐內溫度之間的關係。

發光時，粒子的振動能量是跳躍式的

直到1900年，才由德國物理學家普朗克（Max Planck，1858～1947）成功建立數學式，用於表示高溫物體發出的光之顏色（波長）和光之亮度（強度）的關係。而且，為了解釋這個數學式，進而衍生出「量子假說」的構想。**所謂的量子假說是指「發光粒子的振動能量，只能是跳躍式的不連續值」的構想。**

量子假說誕生的契機

本圖所示為從高溫熔爐小窗發出的光，光之顏色（波長）和亮度（強度）的關係。普朗克再三思考這個圖形，最後提出了「量子假說」的構想。

內部成為高溫狀態的熔爐的截面

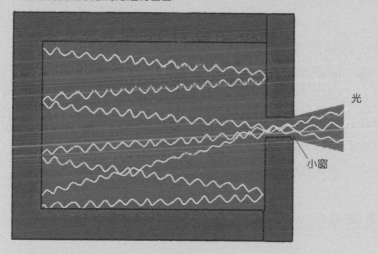

能量以磚塊表示

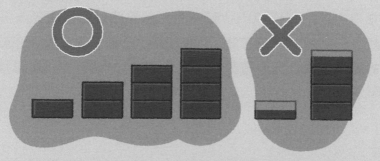

普朗克用磚塊來表示能量子，認為能量只能取整數倍的值，例如1個、2個、3個。也就是說，能量不能取中間的值，例如0.5個、3.6個。

5 愛因斯坦認為
光具有粒子的性質

光的能量有最小的團塊

德國物理學家愛因斯坦也自行思考了關於高溫物體發出光的問題。1905年,他提出「光量子假說」的構想,**意即「光本身的能量具有無法再分割下去的最小團塊」**。這種光的能量的最小團塊稱為「光量子」(light quantum)或「光子」(photon)。

普朗克認為「發出光的粒子,振動能量是跳躍式的」,愛因斯坦則認為「光本身的能量是跳躍式的」。

使用短波長的光照射金屬,會有電子飛出

愛因斯坦運用光量子假說來解釋19世紀末發現的「光電效應」現象。光電效應是指使用光照射金屬時,金屬中的電子會獲得光的能量而飛出金屬外面。**如果照射金屬的光,波長很短,則即使光很暗(弱),也會引發光電效應。但若照射金屬的光,波長很長,則即使光很亮(強),也不會引發光電效應。**為什麼會這樣呢?

光電效應實驗

藉由靜電使箔片驗電器的金屬板帶有負電荷。由於負電荷彼此之間產生斥力，會使箔片互相排斥而張開。如果使用短波長的光照射這個箔片驗電器的金屬板，由於光電效應而飛出的電子會把負電荷帶走，遂使箔片合起來。但是，如果使用長波長的光照射，由於沒有電子飛出去，所以箔片不會合起來。

短波長的光會引發光電效應

即使把光調暗，也會引發光電效應。

長波長的光不會引發光電效應

即使把光調亮，也不會引發光電效應。

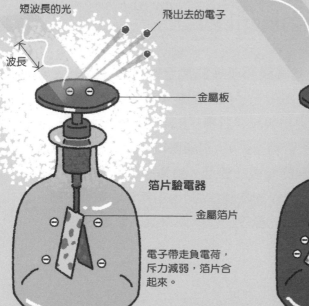

短波長的光

飛出去的電子

長波長的光

波長

金屬板

箔片驗電器

金屬箔片

電子帶走負電荷，斥力減弱，箔片合起來。

金屬箔片由於負電荷之間的斥力而保持張開。

6 如果光是單純的波，便無法說明這樣的現象

如果將光當成波，便無法符合實驗結果

如果把光視為單純的波，則應該是昏暗的光（弱光）的振幅比較小，明亮的光（強光）的振幅比較大。假設基於某個條件而引發了光電效應，在這個狀況下，如果把光調暗（把振幅縮小），則電子將無法獲得足夠的能量，也不會發生光電效應。但是這個預測卻不符合實驗結果。**如果把光視為單純的波，便無法說明光電效應。**

短波長的光，光子的能量比較高

另一方面，如果把光視為粒子的集合體，便能說明光電效應。光的波長越短，每個光子具有的能量越高。短波長的光，每個光子具有的能量比較高，對電子的衝擊比較大，所以即使把光調暗（把光子的數量減少），也能使電子剝離。而長波長的光，每一個光子具有的能量比較低，對電子的衝擊比較小，所以即使把光調亮（把光子的數量增加），也無法使電子剝離。

因此，愛因斯坦提出光量子假說，用來說明光電效應。

利用光子來思考的光電效應

光的波長越短,每一個光子具有的能量越高。短波長的
光子有如衝擊力大的鐵球,長波長光子有如衝擊力小的
羽毛球。

**短波長的光會
引發光電效應**

即使把光調暗,也會
引發光電效應。

**長波長的光不會
引發光電效應**

即使把光調亮,也不會
引發光電效應。

短波長的光
短波長光子的
衝擊力大

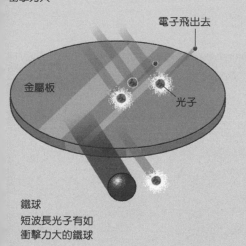

電子飛出去

金屬板

光子

鐵球
短波長光子有如
衝擊力大的鐵球

長波長的光
長波長光子的
衝擊力小

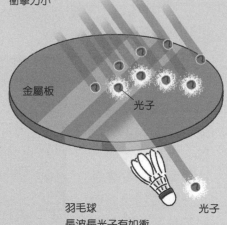

金屬板

光子

羽毛球
長波長光子有如衝
擊力小的羽毛球

光子

7 因為光是粒子，
夜空才有繁星點點

光是不連續的光子的集合體

把光視為光子集合體的想法，也和日常現象有深切的關係。例如，我們在夜空能看到繁多的星星，正因為光是不連續的光子集合體。

在夜空中閃耀的繁星，大部分是和太陽一樣會自己發光的「恆星」。即使是最靠近我們的恆星，距離地球也大約有 4 光

在夜空能看到星星的原因

假如光是在空間中連續性散布的單純的光，則光會無限地稀薄。也就是說，夜空會變成一片漆黑。由於光是不連續性且具有粒子的性質，所以就算是從遙遠恆星傳來的光，也能被我們的肉眼感知。

假如光是單純的波呢？→夜空一片漆黑

年（約37.84萬億公里）之遠。**如果光是連續性散布開來的單純的波，則恆星的光傳到地球上時，將會稀薄到肉眼無法感知，導致我們無法看到星星。**

光的能量不會無限地稀薄

如果光是光子的集合體，即使光子的密度（每單位體積的個數）會隨著距離光源越遠而越稀薄，但各個光子仍會保持完整的形態。光的能量不會無限地稀薄。因此，只要具有充分能量的光子進到眼睛內部的視網膜，就能看見星星了。正因為光具有粒子的性質，我們才能看到夜空中的星星。

假如光是光子的集合體呢？ →夜空成為美麗的星空

究竟光的本體是波？
或是粒子？

光既是波，也是粒子

楊格揭示了光具有波的性質，愛因斯坦則認為光具有粒子的性質。結果，光的本體究竟是波呢？或是粒子呢？**答案是：「光不僅具有像波一樣的性質，同時也具有像粒子一樣的性質。」這稱為光的「波粒二象性」。**

不過，波是在空間中散布而具有範圍的東西，通常無法指稱

波性質的光和粒子性質的光

本圖所示為光的「波粒二象性」。左圖為把光視為波的示意圖，右圖為把光視為粒子集合體的示意圖。

光源

把光視為波的示意圖

波存在於空間中的某一個點上。另一方面，粒子則不具有範圍，並只存在於空間中的某一個點上。如此說來，光既是波也是粒子的說法，不就相互矛盾嗎？

愛因斯坦也為此困惑了一輩子

　　事實上，愛因斯坦發表光量子假說的時候，當時的物理學家普遍認為光是波，絕大多數並沒有立即支持這個假說。就連愛因斯坦本人，也對光的這種不可思議的性質困惑了一輩子。

光源

把光視為粒子集合
的示意圖

9 電子也被認為具有波的性質

電子等物質粒子也具有波的性質

1923年，法國物理學家德布羅意（Louis de Broglie，1892～1987）主張：「電子等物質粒子具有波的性質。」這是首次有人提出電子的「波粒二象性」。**這樣的波稱為「物質波」或「德布羅意波」。**這個主張違反了當時的常識，因為那時認為電子是單純的粒子。

這個構想受到愛因斯坦的影響

愛因斯坦對光子的構想深切影響了德布羅意。**原本大家都已經知道光具有波的性質，後來又得知光也具有粒子的性質。德布羅意認為電子也是相同的情形。**

構成物質的電子具有波的性質，這個構想充滿了衝擊性。因為波原本是多數粒子所造成的現象。一般認為，把物質不斷地分割，最後會出現無法再分割下去的粒子。但是，實際情況卻與預測相反，竟然出現了兼具波與粒子性質的奇妙事物。

電子也兼具波與粒子的性質

電子波並非由眾多電子集結成為波，也不是電子像波浪一樣行進，而是指一個電子本身具有波的性質。

電子波不是由眾多電子集結成波

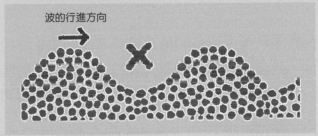

波的行進方向

電子波不是電子像波浪一樣行進

電子的黑白棋子

粒子性質的電子

波性質的電子

10 波的性質與電子所在的場所有關

電子只能存在於跳階式的特定軌域上

讓我們利用「電子具有波的性質」這個概念，來思考一下原子模型吧！

一般常見的原子模型，總是描繪成帶負電荷的電子在原子核的周圍繞轉。丹麥物理學家波耳（Niels Bohr，1885～1962）則認為，環繞原子核的電子只能存在於跳階式的特定軌域上。

繞行軌域一圈時，電子波恰好能連接起來

為什麼電子只能存在於特定的軌域上？只要依據德布羅意「電子具有波的性質」這個概念，就能圓滿地解釋。

德布羅意認為，原子核周圍的電子軌域，如果一圈的長度對電子不是恰好的長度，則電子便無法存在於這個軌域上。恰好的長度是指電子波波長的整數倍長度。因為，如果電子軌域一圈的長度恰好是電子波的整數倍波長，電子波便能連接起來。

電子的軌域

繞著原子核運行的電子只能存在於跳階式的特定軌域上。
只有一圈的長度恰好為電子波波長的整數倍長度的軌域，
電子才能存在。

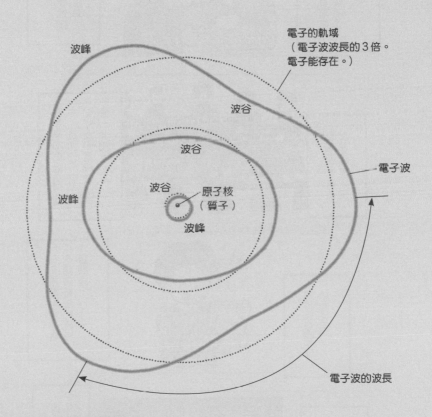

電子的軌域
（電子波波長的３倍。
電子能存在。）

波峰

波谷

波谷

波谷

波峰

原子核
（質子）

波峰

電子波

電子波的波長

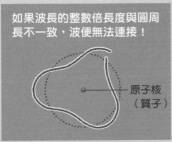

如果波長的整數倍長度與圓周
長不一致，波便無法連接！

原子核
（質子）

德布羅意與物理學的邂逅

他的哥哥是實驗物理學家，有天給了他一份文件

1911年19歲的德布羅意在大學鑽研歷史學

該會議紀錄的法文譯本

那是愛因斯坦和居禮夫人等當代一流物理學家在索爾維會議齊聚一堂時

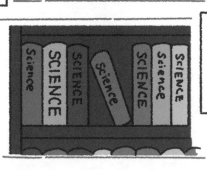

那份會議紀錄啟發了我

德布羅意回憶起當初閱讀會議紀錄時，這麼說：

從此以後，他的書架上只放科學類的書本

他決心獻身於科學研究

雖然獲頒諾貝爾獎

1924年，德布羅意在索邦大學提出博士論文

闡述後來成為量子力學基礎的「德布羅意波」（物質波）。但是，當時的教授們完全無法理解內容

因此，愛因斯坦也受邀閱讀論文，提供意見

愛因斯坦說：「這不只是博士論文，更值得授予諾貝爾獎。」

5年後，37歲的德布羅意獲頒諾貝爾物理學獎

但是，他的物質波論點仍飽受哥本哈根派的波耳等人強力抨擊

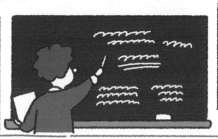

之後，他又獲得了大學教授等無數的榮譽職銜

但是就沒再發表任何獨創性的研究

2. 一個電子
同時存在於
多個場所

在第2章，將介紹理解量子論時的兩個關鍵概念其二：
「狀態共存」（疊加）。所謂的狀態共存，是指在微觀世
界中，一個物體能同時處於多個狀態。

微觀物質會使用「狀態共存」這種分身術

雖然只有一個，卻能同時處於多個狀態

　　想理解量子論時，有兩個關鍵性的重要概念，這裡要介紹的是第二個：「狀態共存」（疊加）。**狀態共存是指「電子等微觀物質及光，即使只有一個也能同時處於多個狀態」。**

　　把一顆球放入箱子裡，把箱子搖一搖，然後將一片隔板插入箱子中央。想當然耳，球不是在箱子內的右側，就是在左側。我們接著來思考虛擬箱子裡的電子，事先並不知道電子位於箱子裡的什麼地方。把一片隔板插入箱子中央，依照常識推斷，電子應該在左側或右側的某一邊。

一旦進行觀測，便會確定是處於哪一個狀態

　　但根據量子論，電子會同時存在於箱子裡的左右兩側。在微觀世界中，一個物體能在同一時刻存在於多個場所。不過，雖說是「同時存在」，但並非電子增加為許多個。**在觀測前，一個電子位於左側的狀態和位於右側的狀態是共存的，一旦進行觀測，便會確定是處於哪一個狀態。**

何謂狀態共存？

把一顆球放入箱子裡，再把一片隔板插入箱子中央，球會處在箱子的左側或右側。另一方面，想像在微觀世界中的虛擬箱子放入電子，並同樣地插入隔板，電子卻能同時存在於左右兩側。

箱子裡的球
（日常生活的巨觀世界）

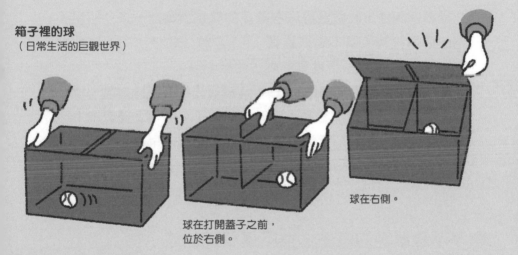

球在打開蓋子之前，
位於右側。

球在右側。

虛擬箱內的電子
（必須依據量子論思考的微觀世界）

即使位在右側，也是電子於各個位置的狀態共存著。

照射光，以便確定電子的位置。

觀測前

觀測後

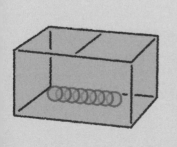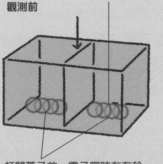

打開蓋子前，電子同時存在於
左右兩側（狀態共存）。

確定電子位於左側。

2 顯示電子「波粒二象性」與 「狀態共存」的實驗

電子也和光一樣會製造干涉條紋

　　從這裡開始，我們要邊思考電子的雙狹縫實驗，邊介紹量子論的標準詮釋「哥本哈根詮釋」。「波粒二象性」和「狀態共存」（疊加）是理解這件事的兩個關鍵重點。

　　電子的雙狹縫實驗和第31頁所介紹之光的雙狹縫實驗一樣，也會產生干涉條紋。 如果只發射一個電子，屏幕上僅會留下一個點狀痕跡。如果單看這個結果，電子看起來是粒子。但是，如果不斷地發射電子，屏幕上就會顯現出干涉條紋。

電子不是單純的粒子，也不是單純的波

　　如果電子是單純的粒子，就會像右下方的插圖一樣，只在狹縫前方附近留下痕跡。但根據實驗的結果，會顯現出干涉條紋，由此可知，電子也具有波的性質。

　　電子是粒子？還是波呢？電子既不是單純的粒子，也不是單純的波。**一個電子「兼具波和粒子的性質」，也就是「波粒二象性」。**

電子的干涉實驗

只發射一個電子，僅會留下一個點狀痕跡。但若持續不斷地發射電子，便會顯現干涉條紋。電子如果是單純的粒子，便不會製造出干涉條紋，而是像右下圖一樣，只會在雙狹縫的前方產生兩條線。

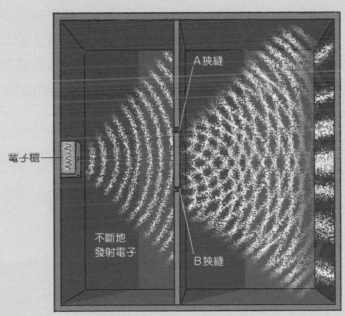

A狹縫

電子槍

不斷地發射電子

B狹縫

形成干涉條紋

形成干涉條紋的圖案

只留下一個點狀痕跡

顯現干涉條紋

持續不斷地發射電子

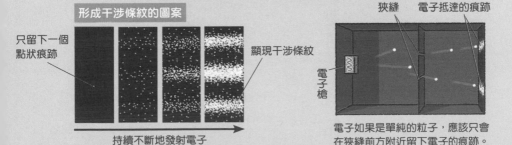

狹縫　電子抵達的痕跡

電子槍

電子如果是單純的粒子，應該只會在狹縫前方附近留下電子的痕跡。

註：插圖係參考《量子力學導論》（外村彰，2001年出版，岩波書店）的圖2.1等資料繪製。

3 電子被觀測時，就從波變成粒子

進行觀測時，波會在瞬間塌縮

　　誠如前頁所述，電子具有「波粒二象性」。這個看似矛盾的事實，應該要如何解釋呢？丹麥物理學家波耳等人提出了一個說法，由於這些學者是以哥本哈根為中心而活躍於當世，所以這個說法被稱為「哥本哈根詮釋」（Copenhagen interpretation）。

電子的「波粒二象性」

左頁為觀測前、散布在空間中的電子波示意圖。一旦進行觀測，電子波便會在瞬間塌縮而集中於一個地方，成為右頁所示的尖銳波。

觀測前

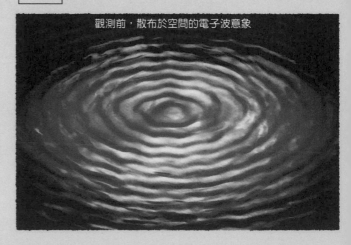
觀測前，散布於空間的電子波意象

　　根據哥本哈根詮釋，電子在沒有被觀測的時候，保有波的性質而散布在空間中。但是，當以光照射等方式進行觀測時，波便會在瞬間塌縮，成為集中於一個地方的尖銳波。塌縮現象使電子看起來像是粒子。

會出現在什麼地方完全依機率而定

　　電子一旦被觀測，便會出現在觀測前所散布範圍的某個地方。但是，會出現在什麼地方，則完全依機率而定。波耳等人認為根據這樣的解釋，便能毫無矛盾地說明電子等的「波粒二象性」。

　　但是，為什麼波會塌縮呢？迄今仍是個未解之謎。

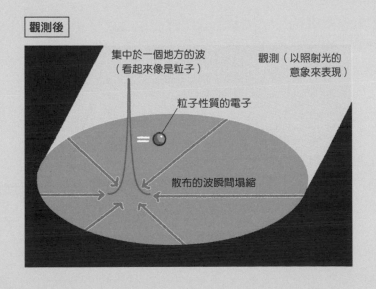

觀測後

集中於一個地方的波
（看起來像是粒子）

觀測（以照射光的
意象來表現）

粒子性質的電子

散布的波瞬間塌縮

4 電子會分身而存在於 廣大的範圍中

宛如施展分身術而同時存在

所謂的電子波，究竟是什麼意思呢？

在第56頁曾經介紹過，觀測前的電子，有如波那樣散布在空間中。**如果把電子當成粒子來思考這個意象，那麼一個電子就宛如漫畫中施展分身術的忍者一樣，能夠同時存在於多個地方。**

電子波的發現機率

觀測前的電子宛如具有分身術一般，以不同的發現機率同時存在於廣大的範圍內（左頁）。一旦進行觀測，電子便會在波的散布範圍內的某處出現（右頁）。

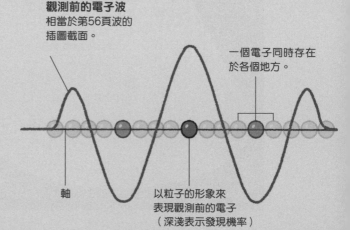

觀測前

觀測前的電子波
相當於第56頁波的插圖截面。

一個電子同時存在於各個地方。

軸

以粒子的形象來表現觀測前的電子（深淺表示發現機率）

把電子波當成表示發現電子機率的波

在電子波的波峰頂端和波谷底端，電子被發現的機率最大；在電子波與軸相交的地方，電子被發現的機率為零。**量子論的標準詮釋「哥本哈根詮釋」就是把電子波當成表示電子的發現機率。**

把電子波以數學方式來表示，就成為「波函數」。1926年，奧地利物理學家薛丁格（Erwin Schrödinger，1887～1961）發表了一個量子論的基礎方程式，用於導出電子的波函數在原子內部等處會呈現何種形式。這個方程式後來稱為「薛丁格方程式」（Schrodinger equation）。

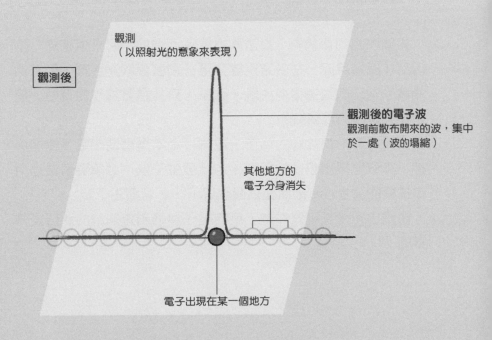

觀測
（以照射光的意象來表現）

觀測後

觀測後的電子波
觀測前散布開來的波，集中於一處（波的塌縮）

其他地方的
電子分身消失

電子出現在某一個地方

5 一個電子能同時通過兩條路徑

一個電子通過兩道狹縫

再從另一個面向來檢證電子的雙狹縫實驗吧！**一個電子從電子槍發射出來後，會以波的形式通過Ａ狹縫和Ｂ狹縫這兩道狹縫。**打個比方來說，就像一個人同時通過兩扇門進入隔壁的房間一樣。這樣的事情真的有可能發生嗎？

一旦裝設觀測裝置，便不再顯現出干涉條紋

如果在相同實驗中，設法確認電子通過的是哪一道狹縫，會得到什麼結果呢？在各道狹縫旁邊分別裝設觀測裝置，用來偵測電子有沒有通過這道狹縫。**結果，只要進行這樣的實驗，便不會顯現出干涉條紋。**

根據哥本哈根詮釋的說法，觀測行為本身會造成電子波的塌縮，導致呈現出粒子的樣貌。若要發生干涉，必須要有通過兩道狹縫的波才行，因此在這個狀況下，不會發生干涉。

顯現出干涉條紋這件事，意味電子通過兩道狹縫的狀態是共存的。

裝設觀測裝置的實驗

在兩道狹縫的旁邊，分別裝設電子的觀測裝置，結果不再顯現出干涉條紋。這是因為，如果一個電子不是同時通過兩道狹縫，便不會發生干涉，所以不會顯現出干涉條紋。

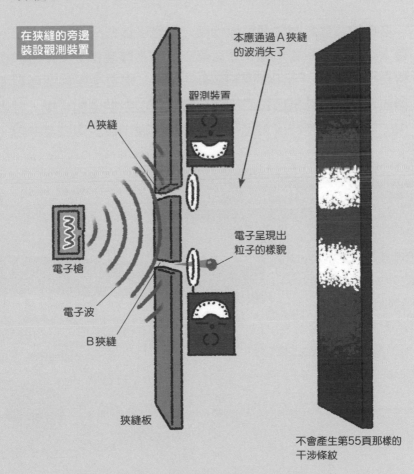

在狹縫的旁邊裝設觀測裝置

本應通過A狹縫的波消失了

觀測裝置

A狹縫

電子呈現出粒子的樣貌

電子槍

電子波

B狹縫

狹縫板

不會產生第55頁那樣的干涉條紋

6 電子波與巨觀物體相撞會塌縮

失去電子波的性質

前頁的觀測裝置是個巨觀物體，和電子比起來大得不得了。**哥本哈根詮釋認為「電子波如果和巨觀物體產生交互作用，便會發生塌縮」。**巨觀物體不像電子這樣，會發生干涉這種量子論的效應。可能是因為和不具有波性質的巨觀物體相撞，才會失去電子波的性質。但是，為什麼和巨觀物體產生交互作用，

量子論的效應和尺度

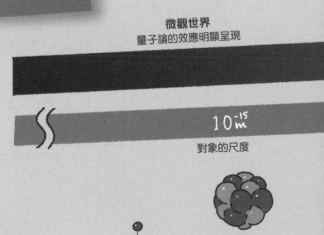

越是巨觀尺度的大型物體，量子論的效應越無法顯現。在量子論的世界中，就連細胞也會歸類為巨觀物體。

微觀世界
量子論的效應明顯呈現

10^{-15} m

對象的尺度

原子核
10^{-14} 公尺左右

電子
10^{-18} 公尺以下
（大小不明）

電子波就會塌縮呢？迄今仍是未解之謎。

對於電子的集團能夠做正確的預測

　　量子論只能依機率預測一個電子的行為。但是，對於數量龐大的電子所構成的集團，便能正確地預測。就像擲一萬次骰子，就能正確預測出現偶數的機率為50%。**也就是說，用量子論處理電子及原子等集團，就能做出正確且實用的預測。**姑且不論哥本哈根詮釋是否令人信服，但似乎有許多科學家採用這個詮釋做為實際上的做法。

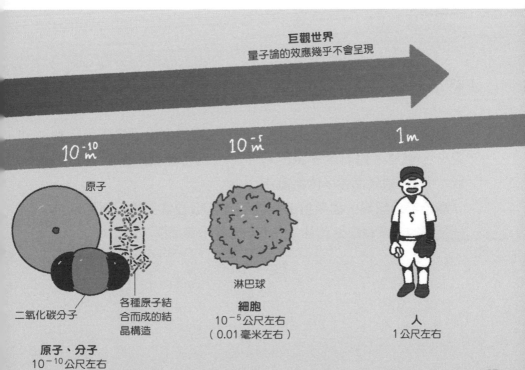

巨觀世界
量子論的效應幾乎不會呈現

10^{-10}m　　　　10^{-5}m　　　　1m

原子

二氧化碳分子

各種原子結合而成的結晶構造

淋巴球
細胞
10^{-5}公尺左右
（0.01毫米左右）

人
1公尺左右

原子、分子
10^{-10}公尺左右

7 誰也無法預測電子位於什麼地方

電子會在什麼地方被發現，純粹出於偶然

從這裡開始，要介紹與量子論詮釋有關的爭論。

根據「哥本哈根詮釋」，在電子波散布範圍內的任何一個地方，都有可能發現電子。因此，如右圖所示，我們不妨把散布開來的電子波想像成無數個針狀波的集合體。也就是說，**針狀波的高低代表在這個地方發現電子的機率。**因此，在進行觀測時，會在什麼地方發現電子，完全是出於偶然，只能依機率去做預測。

「神不會玩擲骰子的遊戲！」

愛因斯坦因預言了光子的存在等等，而成為量子論的創始者之一。但是，他對量子論的哥本哈根詮釋提出嚴厲的批判，說：「神不會玩擲骰子的遊戲！」

愛因斯坦認為，如果量子論的哥本哈根詮釋正確，則即使全知全能的神，也無法得知電子會存在於什麼地方。

把電子波當成針狀波來思考

我們可以把電子波視為A點、B點、C點，由無數個針狀波
（粒子）集結而成。電子會在什麼地方被發現，只能依據
這個波的高度做機率性預測。

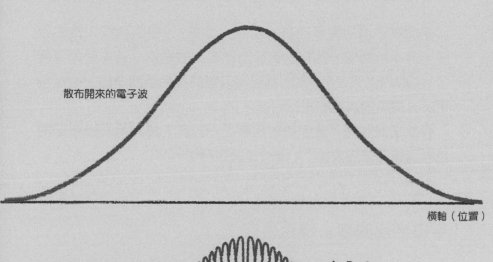

散布開來的電子波

橫軸（位置）

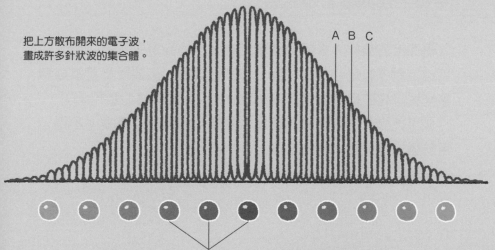

把上方散布開來的電子波，
畫成許多針狀波的集合體。

A B C

以電子的不透明度來表現發現機率的大小。

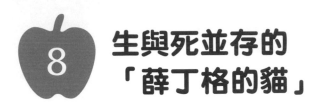

8　生與死並存的「薛丁格的貓」

關於機率詮釋的爭議

關於量子論的機率詮釋，也有人認為：「觀測裝置也是由原子、分子所構成，因觀測裝置而造成波的塌縮，這未免太奇怪了。」他們主張：「不是因為觀測裝置而發生波的塌縮，而是發生於人腦認知測定結果的時候。」

對於這個詮釋，量子論創始者之一的薛丁格利用右圖所示的思考實驗（想像實驗），批判了這個想法。

「半生半死的貓」是否存在？

根據上述詮釋，在觀測者確認箱子裡的貓是生是死之前，並不確定原子核是否發生衰變。**薛丁格認為，上述詮釋會變成容許半生半死的貓存在這種荒謬情況，因此加以強力批判。**

似乎大多數的研究者都認為半生半死的貓並不合理。不過，目前還沒有建立統一的詮釋。

薛丁格的貓

當偵測器偵測到放射性原子核所放出的放射線時，會產生毒氣，把貓毒死。根據極端的詮釋，在觀測者打開窗戶確認內部情況之前，並無法確定貓的生死。

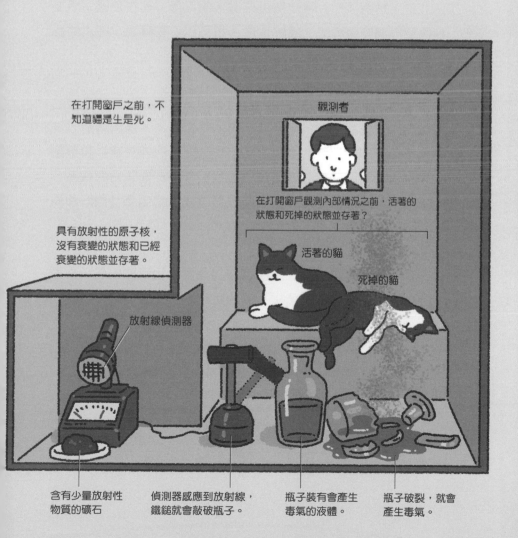

在打開窗戶之前，不知道貓是生是死。

觀測者

在打開窗戶觀測內部情況之前，活著的狀態和死掉的狀態並存著？

具有放射性的原子核，沒有衰變的狀態和已經衰變的狀態並存著。

活著的貓

死掉的貓

放射線偵測器

含有少量放射性物質的礦石

偵測器感應到放射線，鐵鎚就會敲破瓶子。

瓶子裝有會產生毒氣的液體。

瓶子破裂，就會產生毒氣。

從貝殼可以聽到海浪的聲音

是不是有很多人曾經撿起沙灘上的貝殼，貼在耳邊，想要傾聽海浪的聲音呢？**或許有些人把貝殼貼在耳邊，還真的聽到了海浪的聲音！**這到底是什麼聲音呢？

雖然平常不太會意識到，但我們周遭確實充滿各式各樣的聲音。人類的耳朵具有非常優異的集音能力，能夠精密收集到各種頻率的聲波。**把貝殼貼近耳朵時，一部分聲波因受到阻礙而減弱，在此同時，頻率與貝殼內部空間契合的聲波，則會在貝殼內產生共振而增強。**有時候，這個聲音剛好和海浪聲的頻率相似，便讓我們聽到類似海浪的聲音。

依照貝殼種類、貝殼貼在耳朵的角度等因素的差異，共振的聲音高低和強弱會產生不同的變化。下次去海灘散步時，找找看有沒有近似海浪聲的貝殼，也是一大樂趣！

薛丁格的初戀

薛丁格於1887年出生於維也納

因為是獨子，從小備受寵愛

在文理中學就讀時，數學和物理的成績總是名列前茅

除此之外，他也非常喜歡德國的詩篇和哲學家叔本華的作品

1906年，進入維也納大學攻讀物理

但是，他所景仰的物理學教授波茲曼卻在他即將入學前自殺了

他在繼任的哈澤內爾指導下，研究波茲曼的學說，深受影響

後來他回憶道，波茲曼的思考方式，正是他在科學上的初戀

西方科學與東方哲學的邂逅

由於叔本華的影響，薛丁格對東方哲學懷有濃厚的興趣

尤其對「梵我一如」的思想感受良深

他認為在西方科學的架構中，融入東方的同一化教理，更能加深理解

他甚至表示，波動方程式在記述東方哲學的諸般原理

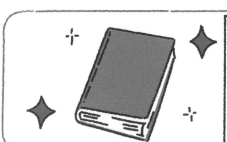

在晚年，他撰寫《精神與物質》，倡導精神與物質的一元論，更加深刻思考

71

3. 量子論闡述的 曖昧不明世界

在量子論問世之前，人們普遍認為一切物體的運動都能計算出來。但根據量子論，這在原理上是不可能的事。這是怎麼回事呢？在第3章，將介紹這個不確定而曖昧不明的微觀世界。

電子的位置和運動方向無法同時確定

如果防波堤的空隙很寬，水面的波浪會筆直行進

接下來談談「自然界的一切都是曖昧不明」這個話題。

首先思考一下水面波浪的繞射。**如果防波堤的空隙很寬，則水面的波浪在防波堤前方會幾近筆直行進。反之，如果防波堤的空隙很窄，則水面的波浪在防波堤前方會擴散開來。**這是波的普遍性質，所以電子波也會發生相同的現象。

電子的位置與運動方向

水面波浪與電子波會表現出相同的行為。本圖所示為水面波浪通過防波堤空隙時的場景，與電子波通過狹縫時的場景。

水面波浪

若防波堤的空隙很寬

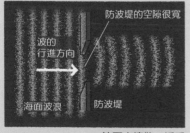

波不太擴散，近乎筆直地行進

若防波堤的空隙很窄

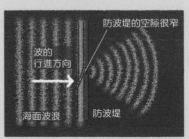

波會大幅擴散開來

如果狹縫的寬度很寬，電子波也會直線行進

接著來想想看，電子波通過狹縫的情形。

如果狹縫很寬，則電子波通過狹縫之際，由於不知道電子位於狹縫寬度的什麼地方，因此可以說電子的「位置不確定度」很大。而電子波在狹縫前方會前線行進，因此可以說電子的「運動方向不確定度」很小。

另一方面，如果狹縫很窄，則電子波通過狹縫之際，電子的「位置不確定度」很小。而電子波在狹縫前方會大幅擴散開來而行進，因此可以說電子的「運動方向不確定度」很大。通過狹縫之際，各個運動方向的電子共存著，運動方向尚未確定。

如果空隙很寬，波會筆直行進；
如果空隙很窄，波會擴散開來哦！

電子波

狹縫寬度大時電子波的繞射

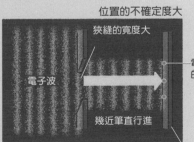

位置的不確定度大
狹縫的寬度大
電子波
電子抵達的痕跡
幾近筆直行進
運動方向的不確定度小
屏幕

狹縫寬度小時電子波的繞射

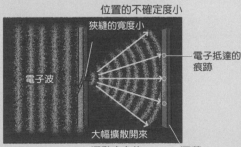

位置的不確定度小
狹縫的寬度小
電子波
電子抵達的痕跡
大幅擴散開來
運動方向的不確定度大
屏幕

使未來的預言無法實現的「不準量關係」

位置和運動方向無法同時正確決定

　　誠如前頁所介紹的內容，如果要正確決定電子的運動方向，則位置的不確定度便會增大；如果要正確決定電子的位置，則運動方向的不確定度便會增大。也就是說，不可能同時正確決定兩者，這稱為「位置與動量的不準量關係」。**這些不確定度之間存在著基本的量化關係，稱為「測不準原理」（uncertainty principle），也稱不準量關係。**

位置與動量的不準量關係

電子的位置與運動方向無法同時正確決定。這稱為位置與動量的不準量關係。

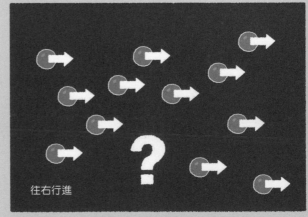

若要正確決定運動方向，則位置會變得不確定

往右行進

不知道電子位於什麼地方
（電子同時存在於多個場所）

即使拉普拉斯精靈也無法正確預言未來

　　不準量關係是由德國物理學家海森堡（Werner Heisenberg，1901～1976）於1927年提出的概念。**這裡的不確定並非指「實際上已經決定，只是人類無法得知」的意思，而是「有許多個狀態共存著，後來實際上會觀測到哪一個狀態，並不是既定的」。**也就是說，即使單取一個電子來看，也無法確定它的未來，就算是「拉普拉斯精靈」也無法正確地預言未來。

註｜在這裡只探討運動方向，但若根據量子論的正確計算，與位置相配而變得不確定的是「動量」。動量是指「質量×速度」（包括運動方向），所以若要正確決定位置，則速率也會變得不確定。

若要正確決定位置，
則運動方向會變得不確定

位在這裡

不知道電子的運動方向
（電子同時往各個方向運動）

不準量關係式
（測不準原理）

$$\triangle x \times \triangle p \geq h$$

不準量關係為德國物理學家海森堡於1927年提出。$\triangle x$為位置不確定度，$\triangle p$為動量不確定度，h為常數（$h=6.6 \times 10^{-34}$J·s）。

愛因斯坦預言 「幽靈般的超距作用」

無論相隔多遠的距離，都能同時確定它們的動作

　　愛因斯坦為了駁斥不準量關係所顯示的「自然界曖昧不明」，和共同研究者一起發表了一項思考實驗（想像實驗）。

　　想像有自轉的A電子和B電子，這兩個電子各從同一個場所的反方向飛出去。在還沒有進行觀測的階段，兩個電子的自轉方向（向左或向右迴轉）共存「A為右迴且B為左迴的狀態」和「A為左迴且B為右迴的狀態」。然後觀測A電子，藉此確定它的自轉方向。在這個瞬間，無論兩個電子相隔多遙遠的距離，B電子的自轉方向也會跟著確定與A電子相反。

經由實驗證明的「量子纏結」

　　愛因斯坦等人認為相距非常遙遠的東西，不可能毫無時間差地在瞬間傳遞影響，因此把這種奇妙的現象稱為「幽靈般的超距作用」。但是，後來經由實驗證明這個現象確實存在，稱為「量子纏結」或「量子糾纏」（quantum entanglement）。

什麼是量子纏結？

A電子和B電子的自轉方向是「A為右迴且B為左迴的狀
態」和「A為左迴且B為右迴的狀態」共存著。A電子和
B電子的自轉方向始終相反。這就是A電子和B電子處於
「量子纏結」的狀態。

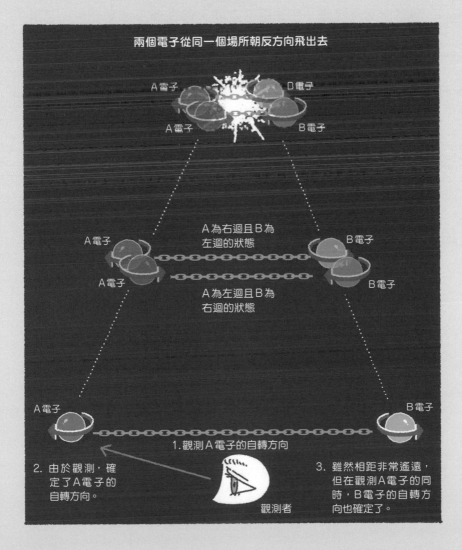

4 在微觀世界中，物質不斷地生成又消滅

能量與時間之間也具有不準量關係

自然界的各種量（物理量）之間，存在著不準量關係。若以微觀的視點來看自然界，會變得不確定而曖昧不明。

在「能量與時間」之間，也具有不準量關係。如果在一個理應空無一物的空間（真空），將某個區域放大，觀察其中的微觀世界，則以極短時間來看時，各個場所的能量是變動不定的。其中的某個場所可能擁有非常高的能量，並利用該能量製造出電子等基本粒子。

在真空裡，基本粒子不斷地生成又消滅

即使是真空，也不會是完全沒有能量的狀態。因為如果完全為零，則能量便確定了，這就違反了不準量關係。

不過，從真空裡誕生出來的基本粒子，會立刻消滅，回復到原本什麼也沒有的狀態。能量的不確定性，只是極短暫的時間而已。「藉由真空擁有的能量變動，基本粒子在各個地方生成又消滅」，這就是量子論闡明的真空樣貌。

註：基本粒子被認為是無法再分割下去的東西。電子、正電子、光子等都是基本粒子，還有其他很多種基本粒子。

以微觀視點看到的真空

本圖所示為把真空的某個區域放大所見某個瞬間的能量分布。波浪狀表面的凹凸表示能量的高低。在非常高能量的區域，可能會利用該能量生成電子等基本粒子。

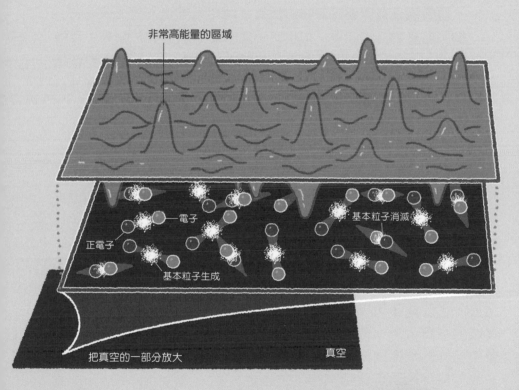

非常高能量的區域

電子

正電子

基本粒子消滅

基本粒子生成

把真空的一部分放大

真空

在真空裡，會有物質不斷地生成又消滅吧！

5 電子能像幽靈一樣穿透牆壁

可見光撞到玻璃，會有一部分穿透過去

電磁波具有穿透障礙物的性質。例如可見光，撞到玻璃時，有一部分會反射回來，但也有一部分會穿透過去。此外，手機等電波之所以能夠傳抵室內，原因即在於電波有一部分會穿透牆壁。至於，穿透的程度有多少，則依電波的波長及牆壁的材質等因素而定。

穿隧效應

可見光撞到玻璃時，一部分會反射回來，但也有一部分會穿透過去。由於電子也具有波的性質，所以會發生相同的事情。電子也可能穿越原本理應無法穿越的障壁，稱為「穿隧效應」。

穿透牆壁和玻璃的電磁波

行動電話的無線電波

玻璃窗

牆壁

可見光

註：電波能傳抵室內，還有另一個原因是電波容易發生繞射（波繞進障礙物陰影處而行進）。只要有一點點空隙，電波就會從那裡進入，擴散到房間內。

電子有可能在極短時間內獲得越過高峰的能量

由於電子也具有波的性質，所以會發生和電磁波相同的事情。**電子也有可能穿越原本理應無法穿越的障壁，這稱為「穿隧效應」（tunnel effect）。**

電子的穿隧效應也可以從能量和時間的不準量關係來思考。我們來想像一下，像下方插圖這樣的山峰吧！

電子有可能在極短暫的時間內，獲得足以越過山峰的能量。因此，獲得能量的電子能夠行進到山峰的另一側。 如果從外部來觀察這個事件，看起來會是「電子在剎那之間『穿透』山峰移動到另一側」。往下一頁，來看看穿隧效應的具體例子吧！

電子「穿越」原本理應無法越過的山峰

若在極短時間內，
電子可能獲得足以
越過山峰的能量。

A
B　電子

如果是普通的球，會在A
和B之間來來回回……

電子看起來彷彿「穿越」
了山峰

普通的球無法越過的
山峰，電子卻能「穿
越」吧！

6 粒子藉由穿隧效應從原子核飛出

加莫夫利用穿隧效應成功說明

出生於俄羅斯的美國理論物理學家加莫夫（George Gamow，1904～1968），於1928年利用穿隧效應成功說明原子核發生「α衰變」的原因。α衰變是指鈾等放射性物質的原子核，放出稱為「α粒子」的粒子，原子核因而略微變輕的現象。

α 粒子藉由穿隧效應飛出原子核

原子核裡面的α粒子被強大的「強核力」（strong force）牢牢封閉在原子核裡面，所以一般認為它無法從原子核飛出去。α粒子就像是被包圍在由強大核力造成的「能量山」窪谷之中。

儘管如此，α粒子有時候仍然會「穿越」能量山，飛到原子核外面。這是因為α粒子有時候會發生穿隧效應。打個比方，α衰變就像是困在擁擠的車廂內動彈不得的乘客，突然穿過人群脫困而出的情景。

α 衰變

如果 α 粒子藉由穿隧效應而「穿越」能量山，原子核便會
發生 α 衰變。

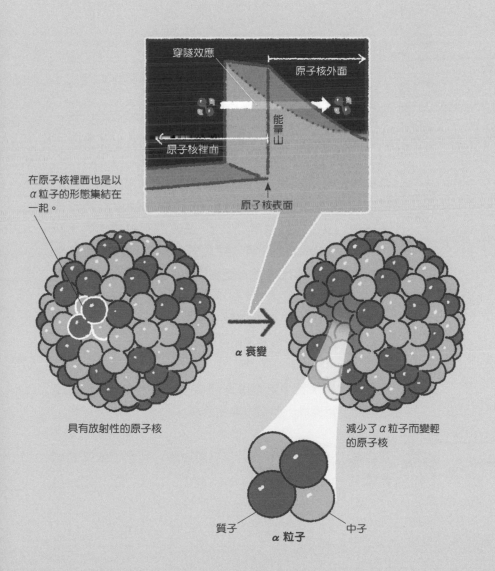

穿隧效應

原子核外面

能量山

原子核裡面

原子核表面

在原子核裡面也是以
α 粒子的形態集結在
一起。

α 衰變

具有放射性的原子核

減少了 α 粒子而變輕
的原子核

質子

中子

α 粒子

博士！
請教一下!!

日常生活中有穿隧效應嗎？

這個穿隧效應，在我們的日常生活中有什麼例子嗎？

在晴朗的日子，你應該都有看到哦！

什麼啊？

其實這個穿隧效應，一直都在太陽的內部發生啊！太陽裡面的氫原子核，也就是質子，不斷地發生互相碰撞及合體，發生「核融合反應」，使太陽得以發出明亮的光芒。根據單純的計算，要使質子互相碰撞，需要數百億℃左右的高溫才行。但實際上，太陽中心的溫度才約1500萬℃而已。

這兩個溫度未免差太多了吧！

在太陽內部，質子之間接近到某個程度，便會藉由穿隧效應而互相碰撞，引發核融合反應。

這樣啊！這麼說來，多虧有穿隧效應，我們才能照到陽光囉！

隧道頂部的風扇

談到穿隧效應，就來談談一般的隧道吧！或許有些人曾經在穿越隧道的時候，看過隧道頂部裝設許多跟飛機引擎一樣大的風扇吧！為什麼要裝設這些巨大的風扇呢？

裝設巨大風扇的目的，是為了把隧道裡面的汽車排放的廢氣吹送到隧道外面，或是把隧道外面的乾淨空氣吹進隧道裡面。隧道內部空間是封閉的，汽車排放的廢氣中含有毒物質，可能會危害健康。而且，髒汙的空氣也會妨礙視線，影響行車安全。因此，必須裝設巨大的風扇，把隧道內的空氣進行換氣。

巨大風扇產生的風速達到每秒30公尺，跟颱風的風速相當。平時汽車正常行駛，也會帶動氣流幫助隧道內部進行換氣。**但是當隧道內塞車的時候，正是風扇發揮威力的時機。**

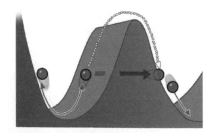

4. 在各領域蓬勃發展的量子論

量子論被運用於各式各樣的領域中，例如闡明化學反應的機制、固體的性質等等。但是，只憑量子論並無法說明這個世界的一切事物。在第4章，將來介紹量子論的功績，以及新的理論。

1 量子論的發展催生了資訊社會

利用量子論闡明了元素的週期性

從這裡開始，來看看量子論實際運用的情形吧！量子論的重大貢獻之一，就是扮演物理學和化學的橋梁。

例如，元素的週期性是從何而來的呢？科學家利用量子論闡明了其中緣由（第94頁）。 如果把元素由輕至重依序排列，則性質相似的元素會週期性地出現。把這些元素排列成表，即為

金屬、絕緣體、半導體

本圖所示以導電性為基準，用不同顏色分別表示金屬（導體）、絕緣體和半導體的週期表。金屬（導體）是容易導電的元素，絕緣體是不導電的元素。半導體是平時不如金屬那樣會導電，但在高溫時變成導電性很強的元素。

　　■ 分類為金屬（導體）的元素
　　■ 分類為絕緣體的元素
　　■ 分類為半導體的元素
　　■ 導電性不明的元素
　　□ 磁性金屬元素（15～25℃）

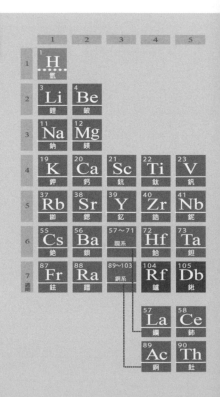

週期表。元素具有週期性的原因，已經利用原子之電子軌域的
理論加以闡明。而這個理論就源自量子論。

沒有量子論，就沒有電腦

為什麼會發生化學反應呢？其原因也能用量子論做理論上的
說明（第96頁）。化學反應是指原子和原子的結合或分離的行
為。原子的這些行為，可依據量子論進行預測。此外，**量子論
也闡明了「金屬」（導體）、「絕緣體」、「半導體」等固體的性
質（第98頁）**。尤其是半導體，可說是電腦不可或缺的物質。
如果沒有量子論對半導體做正確的理解，勢必無法造就出今天
這樣的資訊社會吧！

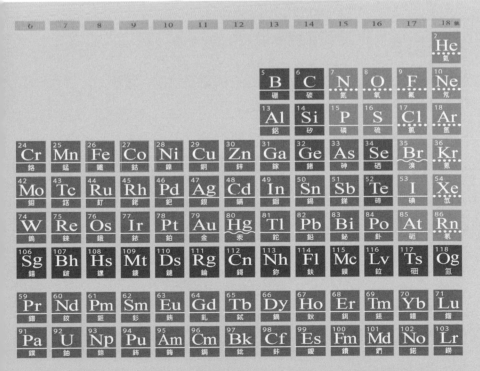

...... 單體為氣體的元素（25℃，1大氣壓）～～ 單體為液體的元素（25℃，1大氣壓）—— 單體為固體的元素（25℃，1大氣壓）

2 電子雲闡明了週期表的意義

量子論闡明了氫原子的電子軌域

插圖所示為量子論所闡明氫原子的電子軌域。**電子只要沒有被觀測，就不能說是「在這個地方」。**插圖中把施展分身術而散布在軌域上的電子，以雲的意象來表現。

氫原子的電子通常位於能量最低的「1s軌域」上。如果電子吸收了來自外部的光，電子便會從光取得能量，躍遷到能量較

氫原子的電子軌域

本圖所示為電子軌域中，能量最小的三個電子軌域。實際上，還有很多能量較高的軌域。

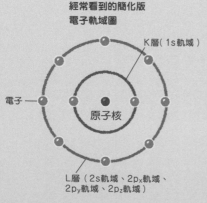

經常看到的簡化版
電子軌域圖

K層（1s軌域）

電子

原子核

L層（2s軌域、2pₓ軌域、
2p_y軌域、2p_z軌域）

1s軌域
（球狀）

2s軌域（球狀）

原子核

高的「2s軌域」或「2p軌域」等軌域上。

根據元素的不同，電子的配置也不一樣

電子軌域有固定的額度，一個軌域上最多只能容納兩個電子。元素的種類不同，電子的個數就不同，電子的配置也就不一樣。這個電子配置的差異，即創造出元素的化學性質的差異。尤其是最外側的高能量軌域（最外層），該電子個數會對元素的化學性質產生很大的影響。**週期表中，最外殼的電子數相等的元素，基本上排在同一個縱列。**

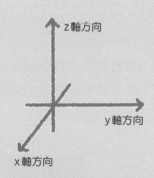

z軸方向

y軸方向

x軸方向

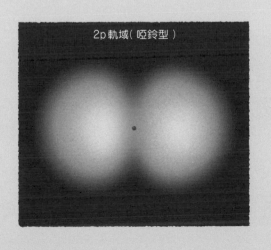

2p軌域（啞鈴型）

2p軌域分布成類似啞鈴的形狀。這個啞鈴有三種方向（x軸、y軸、z軸），分別稱為$2p_x$軌域、$2p_y$軌域、$2p_z$軌域。左圖所示為$2p_y$軌域。

3 沒有量子論便無法了解化學反應的機制

每一個原子都是電中性

氫（H）和氧（O）等元素，通常由兩個原子結合成分子，成氫分子（H_2）和氧分子（O_2）。但是，在成為分子之前的原子，每一個都是電中性。電中性的原子為什麼能緊密牢固地結合成分子呢？

原子結合的機制

兩個氫原子靠近時，1s軌域會發生變化，形成氫分子的軌域。兩個電子進入這個軌域後，會成為穩定的氫分子。

兩個氫原子靠近的話……

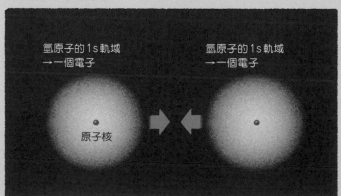

氫原子的1s軌域
→一個電子

氫原子的1s軌域
→一個電子

原子核

原子相互靠近時，會形成新的分子軌域

　　根據量子論進行計算的結果，兩個氫原子的1s軌域在鄰近的氫原子靠近時會發生變化，形成新的氫分子軌域。

　　原本分屬於兩個氫原子的兩個電子，相伴進入能量較低的氫分子軌域。**在這個軌域上，位於兩個原子核之間的電子雲變得比較濃密。在電子雲濃密的區域和原子核之間，產生了電力吸引的作用，使得兩個原子核以電子為媒介而緊密結合。**

　　目前認為這是兩個氫原子結合形成氫分子的機制。

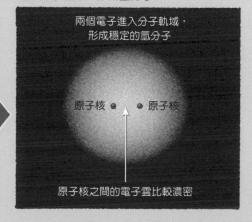

構成分子軌域，形成氫分子

兩個電子進入分子軌域，
形成穩定的氫分子

原子核　　　原子核

原子核之間的電子雲比較濃密

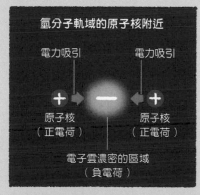

氫分子軌域的原子核附近

電力吸引　　　電力吸引

＋　　　－　　　＋

原子核
（正電荷）　　　原子核
（正電荷）

電子雲濃密的區域
（負電荷）

氫分子的原子核（正電荷）之間，電子雲（負電荷）變得比較濃密，所以原子核被拉向該區域。這就是使氫原子結合成為氫分子的力。

4 電腦和手機都是藉由量子論而運作！

半導體的性質介於導體和絕緣體之間

鐵之類的「金屬」（導體）能夠讓電流（電子的流動）流通。但陶器之類的絕緣體，除非施加非常高的電壓，否則電流無法流通。

另一方面，矽（Si）這樣的半導體，性質介於導體和絕緣體之間，能讓微量的電流通過。這些物質都是固體，為什麼它們的性質卻有這麼大的差異呢？

利用量子論加以闡明固體中的電子行為

以微觀的角度來看，金屬（導體）擁有能自由行動的電子（自由電子）。另一方面，絕緣體則沒有自由電子。而半導體在平常狀況下是自由電子很少，但若提高溫度或加入雜質，自由電子就會增加。這種固體中的電子行為，已經能用量子論衍生出來的「能帶理論」（band theory）加以闡明。

量子論的適用範圍並不僅止於微觀世界，也延伸到了日常生活的巨觀世界。

智慧型手機

智慧型手機也被稱為「手掌大小的電腦」。在電子電路基板「邏輯板」（logic board）上，裝配著許多用半導體製成的IC（積體電路）。

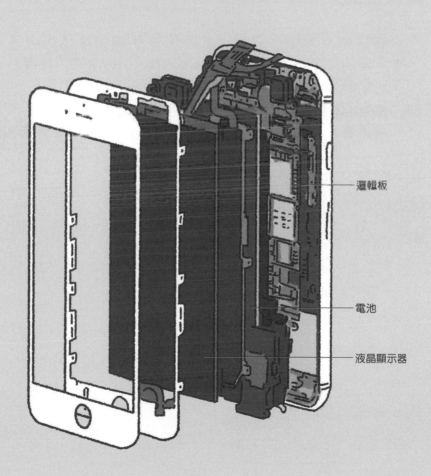

邏輯板

電池

液晶顯示器

5 磁浮列車藉由 量子論而奔馳

液體完全沒有阻力地流動

在日常世界中，還有一些不用量子論便無法說明的現象。舉例來說，「超流性」（superfluidity）和「超導性」（superconductivity）便是典型的例子。

超流性是指液體完全沒有阻力地流動的現象。

例如氦，如果把它冷卻到大約零下271℃以下，便會成為超

超流性與超導性

不利用量子論便無法說明的現象，典型的例子有「超流性」和「超導性」。

超流現象

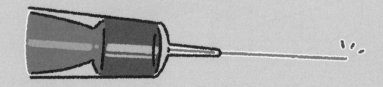

超流氦
如果要使水通過注射針頭之類的細管，會因為水的黏性而受到阻力，必須施加某個程度的壓力。但如果是超流氦，由於不會受到阻力，即使沒有施加壓力，也能順暢地通過非常細的管子。

流狀態的無黏性液態氦，即使注射針頭這樣的細管，也能通行無阻地流過去。

電阻變成零

另一方面，超導性是指把物質冷卻到某個溫度以下，電阻變成零的現象。利用這個超導現象的典型例子是使用線性馬達的磁浮列車。

磁浮列車上面搭載著「超導磁鐵」（superconducting magnet）。超導磁鐵中的線圈成為超導狀態，也就是電阻為零，所以電流一旦開始流動，便會永久持續流動，穩定地產生強大的磁力。也有這樣將日常世界中顯現的量子現象，實際運用在技術上的例子。

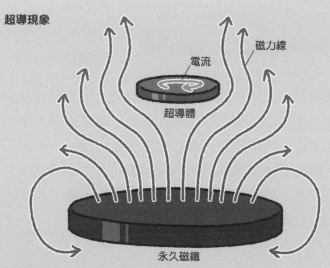

超導現象

磁力線

電流

超導體

永久磁鐵

邁斯納效應
超導狀態的物質會排斥磁場，所以會往抵消磁場的方向流通電流，消除磁場。由於電流持續流動，所以超導體會一直懸浮在磁鐵上空※。

註：磁浮列車的懸浮現象並不是依據這個效應，而是由「超導磁鐵」所造成。

6 候鳥遷徙與光合作用似乎也和量子論有關

利用量子論闡明生命現象

近年來，利用量子論闡明生命現象的「量子生物學」或「量子生命科學」研究領域受到極大關注。

例如，有種稱為「歐亞鴝」（*Erithacus rubecula*）的候鳥，能感知地球的磁力而以正確方向進行長距離遷移，這點似乎與「量子纏結」有關。此外，在植物及浮游生物等生物所進行的光合作用中，也發現或許要用量子論才能說明的現象。

把光合作用視為「量子電腦運算」

光合作用是把光能轉換成化學能的反應，生物將接收到的光能蒐集到反應中心。於2007年發表的一篇研究論文指出，某種細菌在進行光合作用時，有可能把接收到的光，以量子干涉的方式，同時經由多條路徑，傳到反應中心。這表示，可以把光合作用視為一種藉由量子效應而產生的高效率「量子電腦運算」。如今，這個項目已經成為重要的研究主題。

植物的光合作用

植物在細胞內的葉綠體進行光合作用。在葉綠體中,具有被膜包覆的「類囊體」(thylakoid),進行光合作用的裝置有一部分位在這個構造上。

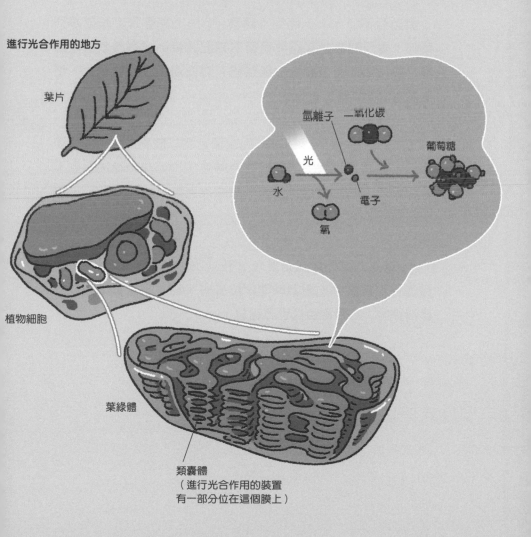

進行光合作用的地方

葉片

植物細胞

氫離子 　一氧化碳

光

水

葡萄糖

電子

氧

葉綠體

類囊體
(進行光合作用的裝置
有一部分位在這個膜上)

創下金氏世界紀錄的JR磁浮列車

想必有不少人，一聽到「超導」，馬上就會聯想起磁浮列車吧！磁浮列車是在鐵軌側面下方配置排列成直線狀的電磁鐵，並在車廂側面裝設超導磁鐵，藉此產生吸力和斥力，把車廂抬浮起來往前推進。

日本JR中央新幹線的磁浮列車預定將以最高時速500公里運行。目前新幹線的最高速度為時速320公里，從東京到大阪約需2小時30分鐘。如果搭乘磁浮列車，則只需要67分鐘左右就行了。

JR磁浮列車的最高速度超過時速600公里。在2015年4月進行的實驗中，達到時速603公里，創下載人行駛列車的最高速度，並獲得金氏世界紀錄。

7 量子論仍然無法說明重力

宇宙中有4種基本的力

從這裡開始，我們來介紹持續發展的量子論有哪些最尖端的研究吧！

量子論在闡明電子及原子核等「物質」的極限形態之後，也一直在朝著闡明「力」的這個方向發展。**物理學家表示，在我們的宇宙中有4種基本的力，分別是重力（gravity）、電磁力（electromagnetic force）、強力（strong force）和弱力（weak force）。**

量子論尚且無法說明重力

「重力」是具有質量的物體吸引其他物體的力；「電磁力」是具有電性及磁性的物體吸引或排斥其他物體的力；「強力」是原子核裡面的質子和中子互相吸引的力；「弱力」是引發中子自行轉變成質子之類的力。

量子論以「傳遞力的基本粒子」的交換來說明這4種力。**截至目前為止，量子論已經成功說明了電磁力、強力和弱力這3種力。唯獨重力還無法加以說明。**

量子論對重力的解釋

量子論以傳遞力的基本粒子的交換來說明力。傳遞重力的基本粒子稱為「重力子」。量子論主張，具有質量的物體彼此交換重力子，重力即藉此在物體間發揮作用。

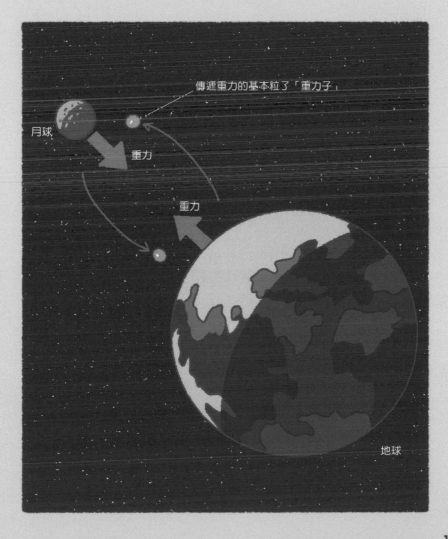

傳遞重力的基本粒子「重力子」

月球

重力

重力

地球

8 期待量子論與廣義相對論的融合

利用重力子說明重力的「量子重力理論」

　　量子論幾乎可以說是所有物理學理論的基礎，但有一個例外，那就是「重力」。目前對於重力的理解是依據愛因斯坦的「廣義相對論」（general relativity）。根據廣義相對論，具有質量的物體會使周圍的時間和空間扭曲，產生重力。

　　如果把量子論的概念套用在重力上，則重力是藉由稱為「重

基本粒子是弦？

超弦理論主張所有的基本粒子都是由極小的「弦」所構成。重力子可能是「封閉的弦」。

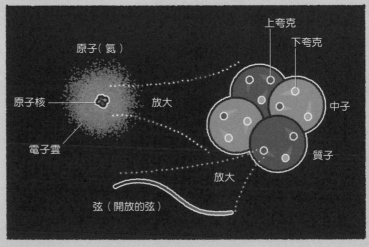

基本粒子是弦？

原子（氦）

原子核

電子雲

放大

上夸克

下夸克

中子

質子

放大

弦（開放的弦）

力子」的基本粒子來傳遞。**數十年來，許多物理學家致力於建構「量子重力理論」，企圖利用重力子來解釋重力，但目前為止，還沒到理論完成的階段。**

重力子的本體或許是「封閉的弦」

量子重力理論的完成，意味著量子論和廣義相對論的融合。現在，量子重力理論最有力的候選者，是尚未建構完成的「**超弦理論**」（superstring theory）。超弦理論主張，重力子的本體是形狀有如橡皮圈一般的「封閉的弦」。

重力子是封閉的弦？

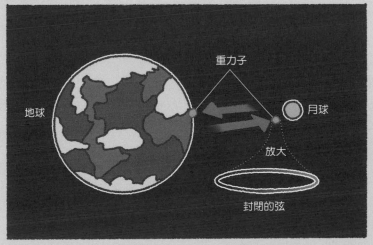

9 兩大理論的統合或許能闡明宇宙誕生之謎

宇宙或許是從「無」誕生

　　期待量子論和廣義相對論的融合能夠闡明的項目之一，是宇宙誕生的謎題。

　　我們已經知道，現今的宇宙不斷在膨脹。如果沿著時間回溯，則過去的宇宙會比現在的宇宙小。把這個情形推論到極致，則遠古的宇宙會比原子還要小上許多。**雖然我們對遠古的微觀宇宙尚未十分明瞭，但宇宙從「無」誕生的主張，已經成了有力的假說之一。**這裡所說的「無」，是指就連時空（時間和空間）也不存在的狀態。

從微觀的宇宙逐漸成長為我們的宇宙

　　根據量子論，就連「無」也無法一直保持完全的無，而是在「無」和「有」之間變動。所謂的「有」，是指具有時空的微觀宇宙。科學家認為，從無誕生的微觀宇宙，由於某種原因而發生急遽膨脹，逐漸成長為現今我們的宇宙。也有一些科學家依據量子論探討宇宙的開端，不過目前還處於假說的階段。

從無誕生的宇宙

現在的宇宙持續在膨脹之中，所以過去的宇宙會比現在的宇宙小。因此，有人提出了遠占的宇宙比原子還要小，而且是從「無」誕生的假說。

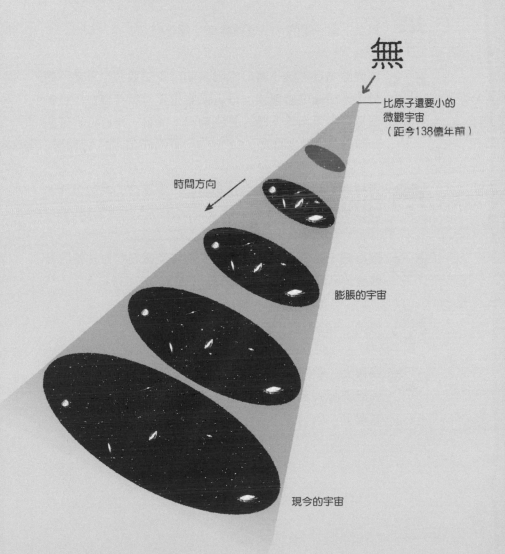

無

比原子還要小的
微觀宇宙
（距今138億年前）

時間方向

膨脹的宇宙

現今的宇宙

博士！
請教一下!!

量子論的「多世界詮釋」是什麼？

 博士！量子論的「多世界詮釋」是什麼？

 這個理論是從量子論衍生出來的，主張這個世界會不斷分歧。根據這個理論，會有無數個平行世界存在，在各個世界中有過著不同人生的自己。而且，平行世界是由相同的空間疊合而成。

 這樣啊！那麼，這個世界的自己，會不會和其他世界的自己撞在一起呢？

 放心吧！在不同的世界之間，物質及資訊並無法接收及傳送。它們不會互相干涉，是以共存的方式存在。

 可是，每個世界不斷地增加，不會擠爆嗎？

 事實上，空間能夠容納多少資訊，我們目前還不清楚。或許要等到未來的研究有更進一步的發展，才能知道答案吧！

5. 運用量子論的最新技術

量子論已經運用於「量子電腦」及「量子資訊通訊」等方面。在第5章，將介紹運用量子論的最新科技。

1 實現超高速運算的 「量子電腦」

量子開關能夠同時朝上下兩個方向

　　假設有一個保險箱，裝設了10個開關。這10個開關的上下方向皆必須調整成正確的型態，才能解鎖，打開保險箱。開關的型態總共有1024（＝2^{10}）種，其中只有1種為正確的型態。

　　那麼，如果開關為「量子開關」的話，會是什麼情況呢？**量子開關是指能夠同時朝上和朝下的神奇開關，**也就是說，10個量子開關能夠同時擁有全部1024個型態。如果緩緩地轉動保險箱的把手，會使量子開關發生變化。各個開關起初是均等地朝上或朝下，接下來會逐漸偏上或偏下。而當把手轉到底的時候，各個開關會明確地朝上或朝下，顯示出正確的型態。

利用量子論所述「狀態共存」的電腦

　　這個虛擬的保險箱只是一個例子，用來比喻「量子電腦」（quantum computer）的運算速度遠遠高過既有電腦。**量子電腦即利用量子論的「狀態共存」（疊加）進行運算的特殊電腦。**同時朝上和朝下的量子開關，乃對應於狀態共存。

如何才能打開保險箱的門？

有一個保險箱，必須將10個開關全都正確地朝上或朝下，才能打開箱門。開關的型態總共有1024（2^{10}）種。如果把10個能同時朝上和朝下的「量子開關」串連起來，理論上便能同時呈現全部1024種型態。

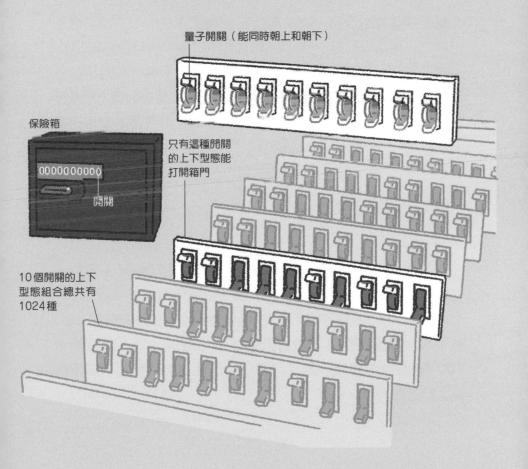

量子開關（能同時朝上和朝下）

保險箱

只有這種開關的上下型態能打開箱門

10個開關的上下型態組合總共有1024種

開關

0000000000

117

2 量子電腦運用了電子的「疊加」

量子位元同時表示 0 和 1

現在的電腦以 0 和 1 來表現所有的資訊。0 和 1 是資訊的最小單位，稱為「位元」(bit)。

量子電腦和一般的電腦一樣，都是藉由逐步處理位元來進行運算。但是，**量子電腦是「量子位元」，能夠同時表現 0 和 1。**一旦觀測量子位元，0 和 1 的疊加狀態就會被破壞，便和一般位元一樣，只表現出 0 或 1 的其中一個狀態。

保持疊加狀態進行運算

一般位元一次能表現的型態類似「0110110001」這樣，充其量只有其中的一種型態。但量子位元能同時表示 0 和 1，所以如果有 10 個量子位元，便能藉由疊加而同時表現 1024 種型態。**如果在保持疊加的狀態下進行運算，則一次就能做 1024 種型態的運算。**這就是量子電腦的運算速度比一般電腦快上許多的原因之一。

電腦的基本原理

本圖所示為一般電腦與量子電腦處理資訊的基本模式。
它們的共同點是以 0 和 1 來表現資訊（位元），再依循一
定的規則逐步處理這些資訊。

一般電腦

正面   反面

位元

量子電腦

量子位元
（疊加的狀態）

一旦觀測就會
確定是 0 或 1。

處理位元
（把正面和反面翻轉）

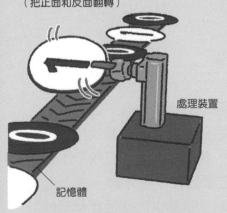

處理裝置

記憶體

處理裝置寫入、讀取或
刪除記憶體上位元的值
（0 或 1）。

處理量子位元
（使量子位元旋轉）

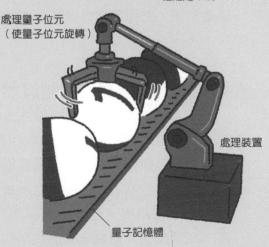

處理裝置

量子記憶體

處理裝置會使量子位元的
狀態產生變化，在保持疊
加的狀態下處理資訊。

119

3 運用「量子纏結」的 量子遙傳

把貓從地球傳送到月球的方法

請想像一下，使用傳送裝置把貓從地球遠距傳送到月球基地的方法吧！ 在地球上設立「量子測定室」和「量子發送室」，在月球上設立「量子接收室」等各種設施。量子發送室和量子接收室藉由「量子纏結」的關係連結在一起，分別擁有數量充足的原子。

首先，把貓放入地球的量子測定室，使用「纏結測定」的方法測定構成貓的物質資訊。接著，強制性地使量子測定室的貓和量子發送室的原子之間產生量子纏結的關係。然後，把貓的測定結果，利用電波傳送到月球。

在遠距地點重現相同的物質狀態

因為月球的量子接收室和地球的量子發送室連動，因此在這瞬間發生了變化。進一步，利用從地球傳來的貓的測定結果，修正量子接收室的狀態。這麼一來，在月球的量子接收室出現的貓，就會和放入地球的量子測定室的貓一模一樣。以上所述，純屬臆想。**但是，對於微觀物質，科學家已經成功利用相同的方法，在遠距地點重現相同的物質狀態了。這項技術稱為「量子遙傳」**（quantum teleportation）。

將貓遠距傳送

把貓從地球傳送到月球的方法。利用「量子纏結」和電波，把構成貓的物質資訊傳送過去，再利用這個資訊，在月球上使貓重現，遂達成傳送目的。

地球和月球的傳送裝置藉由量子纏結連結在一起

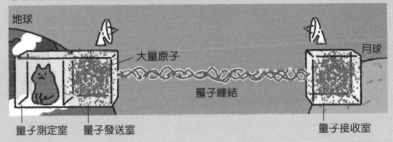

地球

大量原子

月球

量子纏結

量子測定室　量子發送室

量子接收室

測定貓的狀態，利用電波發送測定結果

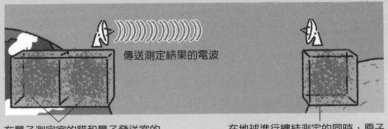

傳送測定結果的電波

在量子測定室的貓和量子發送室的
原子之間進行「纏結測定」

在地球進行纏結測定的同時，原子
的狀態會發生變化

在月球上使貓重現

出現的貓和地球上的貓
一模一樣

4 或許能利用量子遙傳進行通訊

預先備妥量子纏結狀態的光子對

　　量子遙傳的主要用途之一，是運用於通訊方面。這個優點在於「準確」與「保密」。利用量子纏結，無論多麼遙遠的距離都能直接傳送資訊，而且不會洩漏或損失重要的資訊。

　　利用量子遙傳進行「量子資訊通訊」，必須在進行通訊的雙方之間，預先備妥量子纏結狀態的光子對（EPR對）。把成對光子的其中一個使用光纖送到接收方，就完成準備工作了。

也可以用人造衛星傳送光子

　　目前，實際使用光纖傳送光子的最遠距離頂多100公里左右。如果傳送距離超過這個程度，就必須利用量子中繼（量子轉送），才能進行量子資訊通訊。

　　不過，中國的研究團隊已經成功不在地面上做中繼，而能把處於量子纏結狀態的光子發送到非常遙遠的地點。他們的方法是利用人造衛星從太空傳送光子。

量子資訊通訊

量子遙傳主要用於量子資訊通訊。目前構思出的方法包括
使用光纖在地面傳送，以及使用人造衛星在太空傳送。

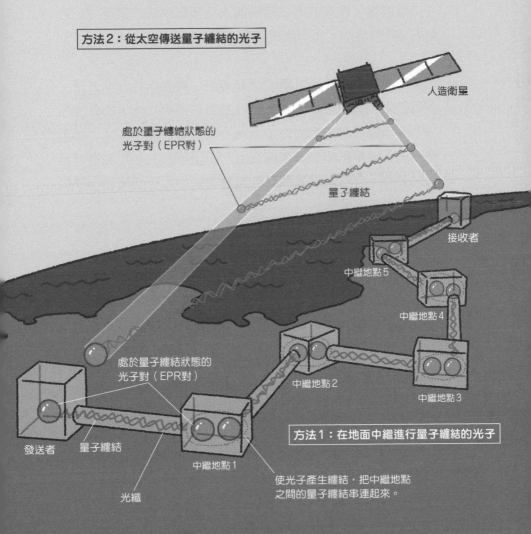

方法2：從太空傳送量子纏結的光子

人造衛星

處於量子纏結狀態的
光子對（EPR對）

量子纏結

接收者

中繼地點5

中繼地點4

中繼地點3

處於量子纏結狀態的
光子對（EPR對）

中繼地點2

方法1：在地面中繼進行量子纏結的光子

發送者　量子纏結

中繼地點1

光纖

使光子產生纏結，把中繼地點
之間的量子纏結串連起來。

利用章魚捕蝦的漁夫

||||||||||\\//|||||\\|||||||| ||||||

　　微觀的量子世界很難依照常識去認知與理解。但是，在巨觀的漁民世界中，也有我們不知道的獨特捕魚方法。

　　捕魚的方法有「定置網」、「延繩釣」等各式各樣的方法。在這當中，有一種令人嘖嘖稱奇的傳統捕魚方法，那就是使用活章魚捕捉伊勢蝦的方法，稱為「章魚伏捕法」或「章魚威脅法」。伊勢蝦白天潛藏在岩石底下等暗處。章魚是伊勢蝦的天敵，伊勢蝦受到章魚的驚嚇而逃出岩石隱蔽處，漁民便可趁機用網捕捉。

　　漁民通常兩人一組共同作業，一人負責划船掌舵，另一人負責捕蝦。捕蝦的人嘴裡銜著特殊的「磯目鏡」固定在面前，探入海中窺視海底的動靜，一手握住綁著活章魚的竹竿，另一手持網捕撈。

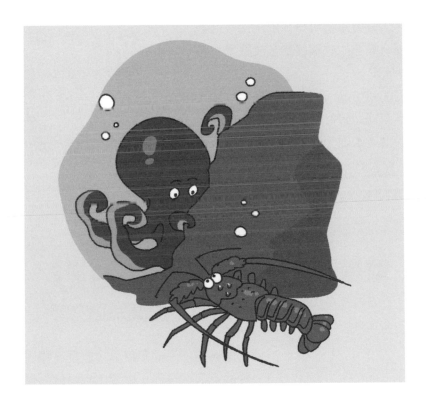

化學 化學／週期表

學習必備！基礎化學知識

化學是闡明物質構造與性質的學問。其研究成果在生活周遭隨處可見，舉凡每天都在使用的手機、商品的塑膠袋乃至於藥品，都潛藏著化學原理。

這些物質的特性又與元素息息相關，該如何應用得宜還得仰賴各種實驗與科學知識，掌握週期表更是重要。由化學建立的世界尚有很多值得探究的有趣之處。

數學 虛數／三角函數

打破理解障礙，提高解題效率

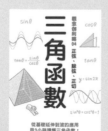

虛數雖然是抽象觀念，但是在量子世界想要觀測微觀世界，就要用到虛數計算，在天文領域也會討論到虛數時間，可見學習虛數有其重要性。

三角函數或許令許多學生頭痛不已，卻是數學的基礎而且應用很廣，從測量土地、建置無障礙坡道到「波」的概念，都與之有關。能愉快學習三角函數，就比較可能跟數學發展出正向關係。

物理 物理／相對論 量子論／超弦理論

掌握學習方法，關鍵精華整理

物理是探索自然界規則的學問。例如搭公車時因為煞車而前傾，就是「慣性定律」造成的現象。物理與生活息息相關，了解物理，觀看世界的眼光便會有所不同，亦能為日常平添更多樂趣。

相對論是時間、空間相關的革命性理論，也是現代物理學的重要基礎。不僅可以用來解釋許多物理現象，也能藉由計算來探討更加深奧的問題。

量子論發展至今近百年，深刻影響了眾多領域的發展，從電晶體、半導體，一直到量子化學、量子光學、量子計算……對高科技領域感興趣，就要具備對量子論的基本理解與素養。

相對論與量子論是20世紀物理學的重大革命，前者為宏觀、後者是微觀，但兩大理論同時使用會出現矛盾，於是就誕生了超弦理論 —— 或許可以解決宇宙萬物一切現象的終極理論。

【 觀念伽利略 07 】

量子論
一探未來的科技趨勢

作者／日本Newton Press
特約主編／王原賢
翻譯／黃經良
編輯／林庭安
發行人／周元白
出版者／人人出版股份有限公司
地址／231028 新北市新店區寶橋路235巷6弄6號7樓
電話／（02）2918-3366（代表號）
傳真／（02）2914-0000
網址／www.jjp.com.tw
郵政劃撥帳號／16402311 人人出版股份有限公司
製版印刷／長城製版印刷股份有限公司
電話／（02）2918-3366（代表號）
經銷商／聯合發行股份有限公司
電話／（02）2917-8022
香港經銷商／一代匯集
電話／（852）2783-8102
第一版第一刷／2022年7月
定價／新台幣280元
　　　　港幣93元

國家圖書館出版品預行編目（CIP）資料

量子論：一探未來的科技趨勢
日本Newton Press作；黃經良翻譯. -- 第一版. --
新北市：人人出版股份有限公司, 2022.07
面；公分. —（觀念伽利略；7）
ISBN 978-986-461-294-9（平裝）

1.CST：量子力學 2.CST：通俗作品

331.3　　　　　　　　　　　　111007730

Staff

Editorial Management	木村直之
Editorial Staff	井手 亮
Cover Design	岩本陽一
Editorial Cooperation	株式会社 キャデック（高宮宏之）

Illustration

表紙カバー	羽田野乃花
表紙	羽田野乃花
11~98	羽田野乃花
99	大島 篤さんのイラストを元に 羽田野乃花が作成
100~125	羽田野乃花